Untersuchungen zur Entwicklung und zum Einsatzverhalten von halogenfreien Polyolefin-Plastisolen

Dissertation

zur Erlangung des akademischen Grades
Doktor-Ingenieur (Dr.-Ing.)

vorgelegt dem

Zentrum für Ingenieurswissenschaften
der Martin-Luther-Universität Halle-Wittenberg
als organisatorische Grundeinheit für Forschung und Lehre im Range einer Fakultät
(§75 Abs. 1 HSG LSA, §19 Abs. 1 Grundordnung)

von

Dipl.-Chem. Andre Rapthel
geb. am 01.08.1981 in Halle (Saale)

Datum der Einreichung: 26.09.2010

Datum der Verteidigung: 28.04.2011

Erster Gutachter
Prof. Dr.-Ing. H.-J. Radusch

Zweiter Gutachter
Prof. Dr.-Ing. A. K. Bledzki

Bibliografische Information der Deutschen Nationalbibliothek
Die Deutsche Nationalbibliothek verzeichnet diese Publikation in der Deutschen Nationalbibliografie; detaillierte bibliografische Daten sind im Internet über
http://dnb.d-nb.de abrufbar.

ISBN 978-3-8439-0030-0

Sternstr. 18, 80538 München
Tel.: 089/66060798
www.dr.hut-verlag.de

1. Auflage 2011

Diese Arbeit widme ich meiner Frau Marina und meinem Sohn Janis.

Vorwort

Die vorliegende Arbeit entstand im Zeitraum von Oktober 2006 bis Februar 2010 am Institut für Kunststofftechnologie und -recycling e. V.. Dem Institut und besonders postum Herrn Prof. Dr. Marinow danke ich für die Entwicklung der PO-Plastisole, die die Grundlage dieser Arbeit sind. Frau Anke Schadewald danke ich für die Freigabe zur Veröffentlichung dieser Arbeit.

Herrn Prof. Dr. rer. nat. habil. Manfred Arnold danke ich dafür, dass er mich für diese Arbeit begeistern konnte und immer für interessante Diskussionen und Ideen zur Verfügung stand.

Für die Betreuung dieser Arbeit und Erstbegutachtung danke ich Herrn Prof. Dr.-Ing. habil. Hans-Joachim Radusch vielmals.

Vom IKTR-Team möchte ich insbesondere Herrn Frank Bergmann für die große Unterstützung meiner Arbeiten danken. Herrn Gerald Schwaneberg und Herrn Daniel Schaum danke ich für die tatkräftige Hilfe am Extruder und zahlreichen Kneterversuchen. Für die unzähligen Plastisolansätze und die Analyse der Eigenschaften bedanke ich mich sehr bei Frau Sabine Kupiec und Frau Marlene Schmidt. Frau Ingelore Holthaus danke ich für die DSC-Messungen und für die Bestimmung der Partikelverteilung der Plastisole. Frau Simone Mertens danke ich für tatkräftige Unterstützung im Labor.

Beim Land Sachsen-Anhalt und beim Bundesministerium für Wirtschaft und Technologie bedanke ich mich für die finanzielle Unterstützung der mit diesem Thema verbundenen Forschungsprojekte.

Kurzfassung

Diese Arbeit beschäftigt sich mit der Aufklärung der grundlegenden Zusammenhänge für die Herstellung und für das Einsatzverhalten der in EP 1332165 B1 bzw. US 6,756,450 B2 vorgestellten neuartigen Plastisole auf Basis von Polyolefinen.

Eine Vorhersage der Eignung der für die Dispergierung notwendigen Additive konnte mit Hilfe von Quellungsuntersuchungen der Polymeren in diesen abgeleitet werden. Aus den Quellungsuntersuchungen der Basispolymere ergab sich, dass aus thermodynamischer Sicht die überwiegend unpolaren Morphologieadditive teilverträglich und die polaren Dispergieradditive unverträglich mit den Basispolymeren sein müssen. Für die Morphologiepolymere wurde festgestellt, dass aus thermodynamischer Sicht die überwiegend unpolaren Morphologieadditive sehr gut verträglich und die Dispergieradditive teilverträglich mit den Morphologiepolymeren sein müssen.

Aus Kneterversuchen konnten die Einflüsse der Inhibierung der reaktiven Additive aufgeklärt und entsprechende Bedingungen für die Verarbeitbarkeit der Additive bei hohen Temperaturen abgeleitet werden. Es zeigte sich, dass aktive Inhibitoren eine im Vergleich zu den passiven bessere, aber auf die Acrylatfunktionen begrenzte, Wirkung haben. Die passiven Inhibitoren zeigten dagegen sowohl bei den Acrylaten als auch bei den Methacrylaten eine gute Wirkung.

Der mittlere Partikeldurchmesser der polyolefinischen Dispersionen kann in Grenzen durch die Anzahl der Repetiereinheiten im Dispergieradditiv und dessen Anteil in der polyolefinischen Dispersion beeinflusst werden. Für die Anzahl der Repetiereinheiten konnte herausgefunden werden, dass es ein Optimum in der Anzahl der Repetiereinheiten gibt, während durch Erhöhung des Dispergieradditivanteils eine stetige Verringerung des Partikeldurchmessers bewirkt wird. Aus den Untersuchungen der Formulierung von Plastisolen aus den polyolefinischen Dispersionen konnte für unpolare Formulierungsadditive ein aktiver Einfluss der Polymerpartikel auf das Viskositäts- und das Fließverhalten gefunden werden. Für das Gelierverhalten der Plastisole wurde ermittelt, dass die Formulierungen mit polaren Formulierungsadditiven zu einer nur geringen Quellung der Polymerpartikel führen. Bei den unpolaren Formulierungsadditiven konnte eine deutliche Quellung der Polymerpartikel nachgewiesen werden. Das Geliermaximum ist bei den Plastisolen nur abhängig von dem Verhältnis von unpolaren zu polaren Additiven im Plastisol.

Mit den untersuchten Systemen konnte eine gezielte Generierung von unterschiedlichem mechanischen Verhalten der ausgelierten Plastisole erreicht werden. Die Eigenschaften der Polymerkomponenten sowie die unpolare bzw. polare Charakteristik und die Anzahl an reaktiven Gruppen in den Additiven erlauben diese gezielte Beeinflussung. Das Spannungs-Dehnungs-Verhalten wird bei hoher Vernetzungsdichte durch die Additive bestimmt. Bei geringer werdender Vernetzungsdichte überwiegen die Polymereigenschaften zunehmend. Der Elastizitätsmodul der gelierten Plastisole wird hauptsächlich durch die Additive bestimmt. Für die Shore Härte gilt, je höher der kristalline Anteil im Basispolymer ist, desto geringer ist der Einfluss der Funktionalität der Additive.

Die in dieser Arbeit grundlegend erforschten Beziehungen, Abhängigkeiten und Systematiken des in den Patenten EP 1332165 (B1) bzw. US 6,756,450 B2 veröffentlichten Verfahrensweges zur PO-Plastisol-Herstellung bieten eine Vielzahl von wertvollen Möglichkeiten für den späteren Einsatz dieser Plastisole. Sie ermöglichen auch eine kontinuierliche Herstellung mittels Extruder und liefern somit die Grundlage für den wirtschaftlichen Einsatz.

Abstract

This work is about the basic relation of producing and application of new poyolefin based plastisols, related to the systems, published in the patents EP 1332165 B1 and US 6,756,450 B2.

A prediction of the dispersing behaviour of the polymers in the additives could be done by analysing the swelling behaviour of the polymers in the additives. It could be found, that in thermodynamic way the non polar additive component has to be very well acceptable in the morphology buildig polymer. The polar additive component has to be partly acceptable in the morphology building polymer. For the basic polymer the non polar additive has to be partly and the polar additive has to be not acceptable in thermodynamic way.

It could be evaluated by kneading tests, that the inhibition of the autopolimerisation of the reactive additives could be reached by passive inhibitors. Active inhibitors have showed effects only on acrylate based additives. The influence of the temperature, concentration of the inhibitors, chemical characteristics of the additives and polymer qualities could be related to the autopolymerisation and inhibition mechanisms. The average partical size of the polyolephinic dispersion is depending on the amount of polar units in dispersive additives, as well as quantities of it in the dispersion formulation.The non polar formulation additives have shown the significant influence to the Formulated plastisols. Almoust no fusion of the polymer plastisols was found in polar formulation additives.In non polar formulation additives a well swelling and fusion of the polymer particals could be determinated. The fusion behaviour could be influenced by selected composition of non polar and polar formulation additives.

With the proved systems different mecanical behaviours could be ahieved. The behaviuor can be influenced by the polymer component, the non polar or polar characterustic of the additives as well as the amount of reactive groups in the additive molecule. The tension-strain behaviour shows characteristics of the additives if they are high crosslinked. By low crosslinkage of the additives the polymer characteristic can be seen in the behaviour.

By means of this work the basic relations and influences of the new plastisol systems, published in the patents EP 1332165 B1 and US 6,756,450 B2 could be evaluated in the systematic way. A huge number of valuable possibilities for the use of this plastisole systems is given now. The importance of the results, made in this work, for the use in industrial application can be seen in the achieved continuouse production of the plastisols by extrusion tecnology.

Inhaltsverzeichnis

1 Einleitung

Plastisole sind physikalische Mischungen aus festen Polymerpartikeln und einem flüssigen Quellungsmittel. Bei Raumtemperatur liegen die Plastisole in einem fließfähigen Zustand vor. Unter Temperatureinwirkung lösen sich die Polymerpartikel in dem Quellungsmittel unter Bildung einer hochviskosen Lösung. Dieser Vorgang wird Gelierung genannt und dauert in der Regel, in einem Bereich von 120 °C bis 180 °C, wenige Minuten. Nach dem Gelieren weisen die realisierten Materialien dauerhafte zähelastische Eigenschaften auf[1,2].

Der quasi flüssige Aggregatzustand ermöglicht eine einfache und effiziente Verarbeitung der Plastisole. Häufige Verarbeitungstechniken sind Gieß-, Spritz-, Tauch- oder Streichverfahren[3]. Typische Anwendungsfelder der Plastisole sind Fußbodenbeläge, Kunstleder, Tapeten, technische Beschichtungen und Automobilanwendungen als Unterbodenschutz und Nahtabdichtung[3-5].

Plastisole werden überwiegend aus PVC hergestellt. Als PVC-Basis dienen Emulsions-(E)-PVC und Mikrosupensions-(MS)-PVC[5]. Diese Typen liefern nach der Polymerisation aus Vinylchlorid für die Plastisolverarbeitung geeignete Partikelgrößen, von 0,1 bis einige µm für E-PVC und ca. 3 µm für MS-PVC mit geschlossener Oberfläche[5]. Der Verbrauch von PVC-Pasten lag im Jahr 2004 bei ca. 5,8 mt/a mit steigender Tendenz[2-4]. Neben dem PVC etablierten sich in den letzten Jahren Plastisole auf Methacrylat bzw. Acrylat basierten Polymeren[6-11]. Die Anwendung dieser Systeme erfolgt vor allem im Automobilbereich, in dem eine Substitution des PVC[12] durch halogenfreie Polymere aus umweltpolitischen Gründen immer mehr an Bedeutung gewinnt.

Als Quellungsmittel werden vor allem sogenannte Weichmacher, wie die Ester der Phtalate und Benzoate, eingesetzt. Neben diesen kommt eine große Vielzahl von anderen Substanzklassen, wie zum Beispiel Adipate, Citrate und modifizierte Pflanzenöle, zum Einsatz[13].

Nach erfolglosen Ansätzen, über polyolefinische Pulver und andere Wege zu polyolefinbasierten Plastisolen zu gelangen, ist mit dem in den Patenten EP 1332165

B1 bzw. US 6,756,450 B2 vorgestellten neuartigen Plastisolen auf Basis von Polyolefinen eine Möglichkeit zur Überführung von Polyolefinen in die Plastisolform gegeben. Auf Basis von in diesen Patenten beschriebenen Stoffgruppen werden in der vorliegenden Arbeit die grundlegenden Zusammenhänge für die Plastisolherstellung und deren Einfluss auf die Anwendungseigenschaften aufgeklärt.

Der in den Patenten beschriebene Herstellungsprozess für Polyolefin(PO)-Plastisole unterteilt sich in zwei Verfahrensstufen. In der ersten wird aus den Ausgangskomponenten eine feinteilige polyolefinische Dispersion, die sogenannte **Vordispersion**, in Form einer plastischen Masse erzeugt. In einer zweiten Verfahrensstufe wird durch Zugabe von weiteren flüssigen Additiven aus der Vordispersion das **PO-Plastisol** mit niedriger Viskosität formuliert. In dieser Verfahrensstufe werden auch weitere Bestandteile, wie der peroxidische Initiator, Füllstoffe, Pigmente, Expansionsmittel, Stabilisatoren usw., zugesetzt.

Die in den Patenten beschriebenen Plastisole basieren auf verschiedenen Polymerkomponenten und Additiv-Komponenten.
Die Polymerkomponenten unterteilen sich in eine Hauptpolymer- und eine Unterschusspolymer-Komponente. Die Hauptpolymerkomponente ist in den Patenten stets ein Polyolefin, auf dessen Eigenschaften die Grundeigenschaften der ausgelierten PO-Plastisole beruhen. In dieser Arbeit werden diese Hauptpolymerkomponenten als **Basispolymere** bezeichnet. Die im Unterschuss vorliegende Polymerkomponente ist den Patenten zufolge ein niedrig kristallines Polyolefin oder ein mit polaren Molekülen modifizierter Kautschuk bzw. eine Kombination aus beiden. Diese Komponente bildet die morphologische Grundlage für die Partikelbildung und wird im Folgenden als **Morphologiepolymer** bezeichnet.
Die Additiv-Komponenten haben in den Patenten einerseits die Funktion, die Vordispersion zu erzeugen, und andererseits die Funktion, die Plastisoleigenschaften zu formulieren. Für die Erzeugung der Vordispersion lassen sich die Additive in überwiegend unpolare Additive, die **Morphologieadditive**, und polare Additive, die **Dispergieradditive**, unterteilen. Für die Formulierungsstufe werden die Additive, unabhängig von deren unpolarem bzw. polarem Charakter, in der vorliegenden Arbeit

als **Formulierungsadditiv** bezeichnet.

Die vorliegende Arbeit baut auf Rezepturen und Verfahrenswegen zur Herstellung von halogen- und weichmacherfreien Polyolefin-Plastisolen, die am IKTR entwickelt und in den Patenten EP 1332165 B1 bzw. US 6,756,450 B2 geschützt wurden, auf und beschäftigt sich insbesondere mit der Weiterentwicklung bzw. systematisierten Aufklärung der

- thermodynamischen Zusammenhänge zwischen den in den Patenten beschriebenen Ausgangskomponenten
- der gezielten Beeinflussung der Polymerpartikelbildung mit mittleren Partikelgrößen unter 30 µm
- Inhibierung der Autopolymerisation bestimmter reaktiver Additive zur Verbesserung der Verarbeitungs- und Lagerstabilität
- Ursachen der relativ hohen Masseverluste und deren Reduzierung und
- Zusammenhänge zwischen Rezepturbestandteilen und Einfluss auf die mechanischen Eigenschaften der gelierten Plastisole.

2 Zielstellung

In der vorliegenden Arbeit soll auf Basis der in den Patenten EP 1332165 B1 bzw. US 6,756,450 B2 beschriebenen Grundlagen für eine PO-Plastisol-Herstellung ein wissenschaftlich begründeter und technologisch umsetzbarer Verfahrensweg zur Herstellung von Plastisolen auf Polyolefin-Basis mit der nachfolgenden Eigenschaftscharakteristik erarbeitet werden:

PO-Plastisole mit

- stabilen und reproduzierbaren Herstellungseigenschaften
- mittleren Partikelgrößen < 30 µm
- Lagerstabilität bezüglich Viskosität und Inhibierung
- Polymerpartikeln, die nicht bzw. wenig in den Additiven bei Raumtemperatur quellen
- definierbaren Verarbeitungseigenschaften
- gezielt einstellbarem mechanischen Eigenschaftsprofil der gelierten Plastisole

Die vorliegende Arbeit verfolgt somit das Ziel, die PO-Plastisolbildung systematisch von den Einflussgrößen der Komponenten bis zur Herstellung der feinteiligen Dispersionen zu untersuchen. Durch den Einsatz unterschiedlicher Basispolymere sowie additiven Materialien soll nach der Gelierung ein breites Spektrum mechanischer Eigenschaften abgedeckt werden können.

Für die Untersuchungen wurden folgende Schwerpunkte gesetzt:

a) <u>Quellungsuntersuchungen:</u>
   Für die Herstellung der feinteiligen Dispersionen muss der Einfluss der Morphologieadditive und der Dispergieradditive auf die Basispolymere und Morphologiepolymere aufgeklärt und systematisiert werden. Die Eigenschaften der Additive lassen sich durch Messungen der Quellbarkeit der Polymere durch die Additive ableiten. Das Ziel dieser Untersuchungen besteht in der Aufklärung

von Einflüssen der chemischen Natur und Funktionalität sowie der Struktur der Additive auf die thermodynamischen Wechselwirkungen.

b) Inhibierungsuntersuchungen:

Es muss aufgeklärt werden, wie sich die Herstellung der feinteiligen Dispersionen unter Einsatz reaktiver Additiv-Komponenten bei hohen Temperaturen reproduzierbar realisieren lässt. Dazu ist die Inhibierung der Polymerisation der Additive für die verschiedenen auftretenden Einflüsse zu untersuchen. Ziel ist es, für die entsprechenden Additive eine adäquate Inhibierung während des Herstellungsprozesses der Vordispersion ableiten zu können, ohne die später gewollte Polymerisation beim Gelieren zu verhindern.

c) Plastisolspezifische Eigenschaften:

Das Verhalten der formulierten PO-Plastisole muss hinsichtlich der Viskositäts- und Fließeigenschaften und des thermischen Gelierverhaltens der feinteiligen Dispersion erforscht werden. Das heißt, der Einfluss der Formulierungsadditive auf die Viskositäts- und Fließeigenschaften muss untersucht und beschrieben werden. Zudem soll mittels rheologischer Methoden aufgeklärt werden, wie das Gelierverhalten der festen Polymerpartikel in der Dispersion durch die Additive beeinflusst werden kann.

d) Mechanische Eigenschaften:

Die Parameter und deren Abhängigkeiten, mit denen das mechanische Profil der gelierten PO-Plastisole definiert beeinflusst werden kann, sind aufzuklären. Durch Variation der Basispolymere und der Dispergier- und Formulierungsadditive sollen unterschiedliche Vernetzungszustände in den gelierten PO-Plastisolen hergestellt und untersucht werden. Ziel soll es sein, ein zäh-hartes, zähes und elastisches Eigenschaftsbild der ausgelierten Plastisole gezielt zu generieren.

3 Grundlagen

Diese Arbeit beschäftigt sich mit dem Bildungsmechanismus und der Charakterisierung der Eigenschaften von Polyolefinsystemen, die bei Raumtemperatur, vor der Verarbeitung, in fließfähiger Form vorliegen. Im Allgemeinen beruhen solche Systeme auf einer Dispersion von fein suspendierten festen Polymerpartikeln in einem flüssigen Dispersionsmittel. Derartige Systeme sind als Plastisole bekannt[1]. Durch thermische Energiezufuhr werden die Polymerpartikel in dem Dispersionsmittel gelöst, wodurch nach dem Abkühlen ein Übergang des Systems von der fließfähigen in die feste Form durch physikalisches Binden der Dispergierkomponenten im Polymer statt findet[14].
Die PO-Plastisole, mit denen sich diese Arbeit beschäftigt, weisen die Besonderheit auf, dass die Dispersionsmittel ein reaktives System darstellen. Durch thermische Energiezufuhr gehen diese miteinander Polymerisations- und Vernetzungsreaktionen ein. Somit sind die Dispersionsmittel nicht nur physikalisch, sondern auch chemisch im Polymer eingebunden.

Um die Einflüsse der aus den Patenten EP 1332165 B1 bzw. US 6,756,450 B2 entnommenen Komponenten auf die Plastisolbildung und deren Wirkung aufklären zu können, wird davon ausgegangen, dass sich den einzelnen Komponenten folgende Funktionen zuordnen lassen:

Basispolymere:

Das Basispolymer ist die polyolefinische Hauptkomponente in der Dispersion. Durch das Basispolymer werden die polymercharakteristischen Eigenschaften, wie mechanische und physikalische Eigenschaften, bestimmt. Es wird angenommen, dass das Basispolymer im Bildungsmechanismus der feinteiligen Dispersion keine aktive Funktion ausübt.
Als Basispolymere kommen nahezu alle unmodifizierten Polyolefine in Betracht. Für die Untersuchungen in dieser Arbeit wurde sich auf die in Tabelle 1 charakterisierten drei Vertreter mit breitem Eigenschaftsprofil beschränkt:

Basispolymer	Spezifik	Shore-Härte	Dehnung	Zugfestigkeit
EPDM	Kautschuk	niedrig	hoch	niedrig
Ethylen-1-Octen Copolymer	thermoplastisches Elastomer	↓	↑	↓
LD-PE	Thermoplast	hoch	niedrig	hoch

Tabelle 1 Übersicht über eingesetzte Basispolymere

Morphologiepolymere:

Das Morphologiepolymer liegt, bezogen auf das Basispolymer, im geringeren Anteil vor. Grundvoraussetzung für das Morphologiepolymer ist, dass es phasenunverträglich zu dem Basispolymer ist. Es bildet mit dem Basispolymer ein heterogenes Blend. Dadurch ergibt sich beim Mischen mit dem Basispolymer eine disperse Morphologiepolymerphase, die für den Partikelbildungsmechanismus eine essentielle Voraussetzung bildet. Das Morphologiepolymer muss zudem besonders gut durch das verwendete Morphologieadditiv quellbar sein.
Die Morphologiepolymere bilden die Grundlage für die Dispergierung der Polyolefine.

Morphologieadditive:

Bei dem Morphologieadditiv handelt es sich um aliphatische Methacrylat- bzw. Acrylat-Komponenten, die überwiegend in flüssiger Form vorliegen. Das Morphologieadditiv ist aus thermodynamischer Sicht sehr gut mit dem Morphologiepolymer, aber nur wenig mit dem Basispolymer verträglich. Es hat die Funktion, den Volumenanteil des Morphologiepolymers im Compound aus Basispolymer und Morphologiepolymer durch Quellen zu erhöhen. Zudem erniedrigt das Morphologieadditiv die Schmelzeviskosität des Morphologiepolymers. Durch das Morphologieadditiv geht das Morphologiepolymer durch bevorzugte Quellung von der dispersen in die kontinuierliche Phase über. Der Phasenübergang ist in Abbildung 1 anhand von TEM-Aufnahmen nachzuvollziehen. Der Anteil des Morphologieadditivs nimmt vom linken zum rechten Bild hin zu. Die dunkle Morphologiepolymerphase geht von der dispersen in die kontinuierliche Phase über.

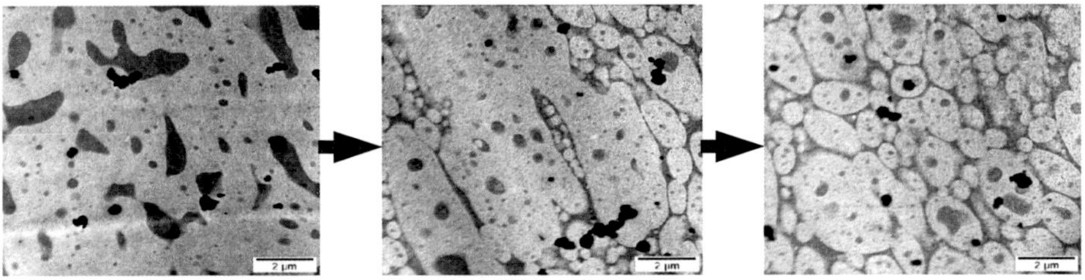

Abbildung 1 Phaseninversion der Morphologiepolymere von der dispersen in die kontinuierliche Phase durch Zugabe von Morphologieadditiv[16]

Das Verhältnis von Basispolymer zu Morphologiepolymer ergibt sich aus dem Einfluss des Morphologieadditivs. Wenn der Anteil des Morphologiepolymers im Compound aus Basispolymer und Morphologiepolymer zu gering ist, kann über das Morphologieadditiv keine ausreichende Volumenzunahme der Morphologiepolymerphase bewirkt werden. Es kann keine kontinuierliche Morphologiephase ausgebildet werden. Bei zu hohem Anteil an Morphologiepolymer kann die kontinuierliche Phase durch Zugabe des Morphologieadditivs leichter ausgebildet werden. Jedoch wird die disperse Basispolymerphase nicht genügend dispergiert. Die Scherung für die Dispergierung des Basispolymers wird in erster Linie durch die Morphologiephase aufgenommen.

Die verwendeten Morphologieadditive unterscheiden sich durch folgende Eigenschaften:

- in ihrer reaktiven **Funktionalisierung** → Methacrylat- bzw. Acrylat-Funktion
- in der **Anzahl der Repetiereinheiten** von $-CH_2-$
- in ihrer **Struktur** → linear oder verzweigt

Das Morphologieadditiv ist die treibende Kraft für die Überführung des Morphologiepolymers von der dispersen in die kontinuierliche Phase.

Dispergieradditive:

Die Dispergieradditive sind flüssige Methacrylat- bzw. Acrylat-Komponenten mit überwiegend polarem Charakter. Diese sollen aus thermodynamischer Sicht teilverträglich mit dem Morphologiepolymer und unverträglich mit dem Basispolymer sein. Das heißt, dass die Dispergieradditive oberhalb einer bestimmten Temperatur in der Lage sein müssen, die Morphologiepolymere zu lösen. Unterhalb dieser Temperatur werden die Morphologiepolymere durch die Dispergieradditive nur angequollen. Die Basispolymere gehen über den gesamten Temperaturbereich keine Wechselwirkung mit dem Dispergieradditiv ein.

Die eingesetzten Dispergieradditive unterscheiden sich durch folgende Eigenschaften:

- in ihrer **Art** der reaktiven **Funktionalisierung** → Methacrylat- bzw. Acrylat-Funktion
- in ihrer **Anzahl** der reaktiven **Funktionalisierung** → mono- bzw. difunktionell
- in der **Anzahl der Repetiereinheiten**

Für die Darstellung der Abhängigkeiten wurde die Struktur des Dispergieradditivs bei den Untersuchungen in dieser Arbeit nicht variiert. Die polare Grundstruktur ist immer identisch. Die Dispergieradditive unterscheiden sich somit nur in den drei zuvor aufgeführten Eigenschaften.

Die Dispergieradditive sind die treibende Kraft bei der Überführung der Schmelze in die Dispersion.

Als Dispergieradditiv können folgende Strukturen in Betracht gezogen werden:

Stoffgruppe	Struktur
Polyoxymethylen	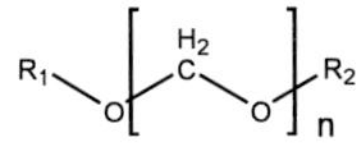
Polyethylenglykol	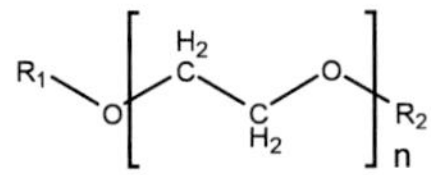
Polypropylenglykol	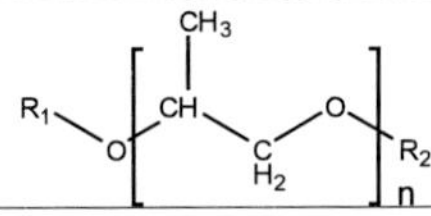
Polytrimethylenoxid	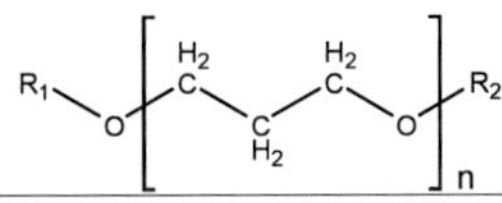
Polytetramethylenoxid	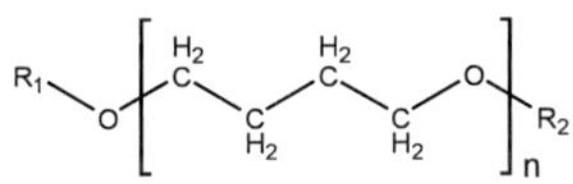
Rest 1 (R_1)	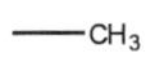 Methyl 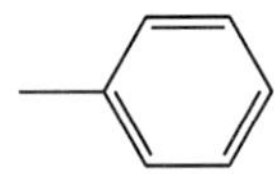 Phenyl 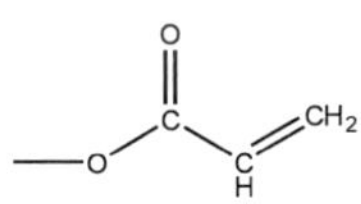 Acrylat 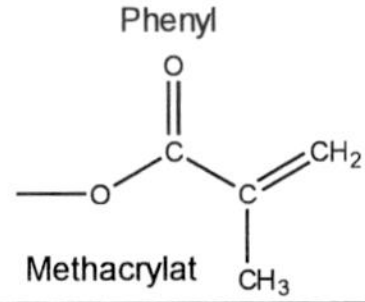 Methacrylat
Rest 2 (R_2)	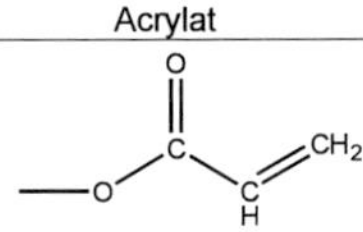 Acrylat 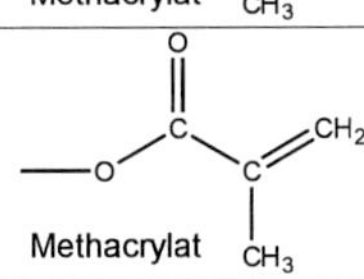 Methacrylat

Tabelle 2 Mögliche Substanzgruppen für den Einsatz als Dispergieradditiv

Formulierungsadditiv:

Mit den Formulierungsadditiven werden die feinteiligen Dispersionen (Vordispersion) in eine fließfähige Form mit Plastisolcharakter überführt. Als Formulierungsadditiv werden hier die als Morphologie- bzw. Dispergieradditiv verwendeten Methacrylat- bzw. Acrylat-Komponenten untersucht. Die Menge des Formulierungsadditivs beeinflusst die resultierende Viskosität. Der chemische Charakter und die reaktive Funktionalität des Formulierungsadditivs wirken sich auf das Endeigenschaftsspektrum der gelierten polyolefinischen Plastisole aus.

Mit den Formulierungsadditiven kann die Viskosität der PO-Plastisole eingestellt werden. Über die Funktionalität des Formulierungsadditivs kann die Vernetzungsdichte im gelierten Plastisol beeinflusst werden.

Eine Übersicht der Funktionen der Ausgangskomponenten ist in Tabelle 3 dargestellt:

	Partikelbildungs-mechanismus	Eigenschaften PO-Plastisol	Endeigenschaften geliertes PO-Plastisol
Basispolymer			X
Mophologiepolymer	X		
Morphologieadditiv	X		
Dispergieradditiv	X		X
Formmulierungsadditiv		X	X

Tabelle 3 Übersicht der Funktionen der Plastisolkomponenten

Die **Herstellung** der feinteiligen polyolefinischen Dispersionen geschieht in drei nacheinander ablaufenden Prozessstufen. Eine vierte Stufe findet in einem separaten Prozess statt. Für die folgenden Untersuchungen wird davon ausgegangen, dass folgende Vorgänge in den Prozessstufen stattfinden:

Mischung der Polymerkomponenten:

In der ersten Prozessstufe wird das Basispolymer mit dem Morphologiepolymer compoundiert. Das Morphologiepolymer stellt die Unterschusskomponente dar. Da die Morphologiepolymere zudem eine höhere Schmelzeviskosität aufweisen, bilden diese zunächst die disperse Phase in dem Compound. Eine möglichst homogene Verteilung des Morphologiepolymers im Basispolymer ist das Ziel dieser Prozessstufe.

Morphologiemodifizierung:

In der zweiten Prozessstufe wird dem Compound aus Basispolymer und Morphologiepolymer das Morphologieadditiv zugesetzt. Da das Morphologieadditiv besser thermodynamisch verträglich mit dem Morphologiepolymer als mit dem Basispolymer ist, wird es hauptsächlich in dieser Polymerphase angereichert. Dies hat zwei Effekte zur Folge. Zum einen nimmt das Volumen der dispersen Phase aus Morphologiepolymer und –additiv zu. Zum Anderen wird die Schmelzeviskosität des Morphologiepolymers durch das Morphologieadditiv signifikant herabgesetzt. Aufgrund dieser Effekte kommt es zu einer Phaseninversion im Compound. Das Morphologiepolymer und –additiv bilden die kontinuierliche und das Basispolymer die disperse Phase. Eine vollständige Phaseninversion ist Ziel dieser Prozessstufe.

Dispergierung:

In der dritten Prozessstufe wird zu der Schmelze aus Basispolymer, Morphologiepolymer und –additiv, das Dispergieradditiv zugegeben. Dies ist bei hohen Temperaturen aus thermodynamischer Sicht wesentlich besser mit der Morphologiepolymer/additiv-Phase verträglich als mit der Basispolymerphase. Bei entsprechend hoher Temperatur erfolgt die Einarbeitung nahezu vollständig in die Phase aus Morphologiepolymer und –additiv. Beim anschließenden Abkühlen separiert sich das Dispergieradditiv aus der Schmelze. Dadurch bildet sich eine feinteilige Dispersion von festen Polymerpartikeln im Dispergieradditiv. Aufgrund der morphologischen Vorgeschichte ist zu erwarten, dass die Polymerpartikel eine Core-

Shell-Struktur aufweisen. Der Kern besteht aus dem Basispolymer. Die Schale der Core-Shell-Struktur besteht aus dem Morphologiepolymer und dem Morphologieadditiv, in der noch geringe Mengen an Dispergieradditiv gelöst sind. Der restliche Dispergieradditivanteil stellt die flüssige Phase der erzeugten Dispersion dar.

Formulierung:

Die so erhaltenen feinteiligen polyolefinischen Dispersionen werden durch mechanisches Mischen mit dem Formulierungsadditiv in die für Plastisole charakteristische niederviskose Form überführt. Die Wechselwirkung und gegenseitige Beeinflussung der Komponenten ist in dieser Prozessstufe sehr gering.

4 Theoretischer Teil

4.1 Quellungsuntersuchungen

Ein erster wesentlicher Punkt dieser Arbeit beinhaltet die Aufklärung und Systematisierung der Wechselwirkungen der niedermolekularen Additive mit den hochmolekularen Polymeren.

Die in diesem Abschnitt beschriebenen Theorien über das thermodynamische Verhalten der Komponenten folgen im Wesentlichen der Darstellung von Elias[17].

Bei den Wechselwirkungen handelt es sich vereinfacht um Quellungs- bzw. Lösungseffekte, die Rückschlüsse auf die Verträglichkeit der Komponenten erlauben. Findet ein Lösungsprozess statt, handelt es sich um eine exotherme Wechselwirkung. Wenn eine Entmischung der Komponenten stattfindet, so handelt es sich um eine endotherme Wechselwirkung. Ein Zusammenhang zu den Mischungsenergien gibt der 2. Hauptsatz der Thermodynamik.

$$\Delta G_m = \Delta H_m - T \cdot \Delta S_m \qquad \text{(Gl. 4.1)}$$

In der GIBBS-HELMHOLTZ-Gleichung wird die freie Mischungsenthalpie in einen Enthalpieanteil und einen Entropieanteil zerlegt. Daraus ergeben sich folgende Zusammenhänge:

Endotherme	$\Delta G_m > 0$	$\Delta H_m > T \cdot \Delta S_m$	(Gl. 4.2)
Exotherme	$\Delta G_m < 0$	$\Delta H_m < T \cdot \Delta S_m$	(Gl. 4.3)
Gleichgewicht	$\Delta G_m = 0$	$\Delta H_m = T \cdot \Delta S_m$	(Gl. 4.4)

Wenn ein Stoff in dem anderen unlöslich sein soll, so muss die Mischungsenthalpie das Produkt aus Temperatur und Entropie überwiegen. Sollen die Stoffe miteinander verträglich sein, so muss das Produkt aus Temperatur und Entropie größer als die Mischungsenthalpie sein.

Für den Fall, dass sich ein Gleichgewicht einstellt, wie es für eine Quellung der Fall ist, muss die Mischungsenthalpie gleich dem Produkt aus Temperatur und Entropie sein.

Im Fall des Gleichgewichtszustandes stellt die Temperatur eine den Prozess beeinflussende Größe dar, die bei der Betrachtung der thermodynamischen Zusammenhänge mit untersucht werden muss.

Allgemein gilt, dass die Verarbeitungstemperatur höher ist als die Weiterverarbeitungs- bzw. Gebrauchstemperatur der feinteiligen Dispersion.

$$T_{\mathbf{Verabreitung}} > T_{\mathbf{Gebrauch}} \qquad \text{(Gl. 4.5)}$$

Bei der Gebrauchstemperatur werden die Plastisole durch Tauchen, Sprühen, Rakeln usw. in der flüssigen Form appliziert. Bei der Verarbeitungstemperatur werden die Plastisole ausgeliert und irreversibel von der flüssigen in die feste Form überführt.

Unter Beachtung des Temperatureinflusses auf die Gleichgewichtsbedingung lassen sich bei der Verarbeitungstemperatur folgende thermodynamische Zusammenhänge formulieren.

	Basispolymer	Morphologiepolymer	Morphologieadditiv
Morphologiepolymer	$\Delta G_m > 0$		
Morphologieadditiv	$\Delta G_m \geq 0$	$\Delta G_m < 0$	
Dispergieradditiv	$\Delta G_m > 0$	$\Delta G_m \leq 0$	$\Delta G_m \leq 0$

Tabelle 4 Thermodynamische Beziehungen der Komponenten bei Verarbeitungstemperatur

Für die Gebrauchstemperatur lassen sich folgende Zusammenhänge ableiten.

	Basispolymer	Morphologiepolymer	Morphologieadditiv
Morphologiepolymer	$\Delta G_m > 0$		
Morphologieadditiv	$\Delta G_m \geq 0$	$\Delta G_m < 0$	
Dispergieradditiv	$\Delta G_m > 0$	$\Delta G_m < 0$	$\Delta G_m < 0$

Tabelle 5 Thermodynamische Beziehungen der Komponenten bei Gebrauchstemperatur

Über die Mischbarkeit von Polymeren entwickelten Flory und Huggins unabhängig von einander ein Gittermodell. Wichtigste Grundlage für die Betrachtung des Gitters ist die Annahme, dass Lösungsmittelmoleküle und Polymere gleiche Volumina einnehmen. Um dies zu realisieren, werden die Polymerketten in Segmente unterteilt. Im Gittermodell kann ein Gitterplatz von einem Lösungsmittelmolekül bzw. von einem Polymersegment eingenommen werden. Je mehr Segmente sich an eine Polymerkette anknüpfen, je geringer sind die Anordnungsmöglichkeiten im Gittermodell und folglich sinkt die Mischungsentropie. Dieses Modell erklärt unter anderem, warum sich Polymere in Lösungsmitteln nicht einfach lösen, sondern erst gequollen werden. Wenn das chemische Potential des Additivs im gequollenen Polymer (Gel) gleich dem chemischen Potential des Additives in reiner Lösung ist, stellt sich ein Gleichgewicht ein.

$$\left(\frac{\partial \Delta G_m}{\partial n_i}\right)_{p,T} = \mu_i = \mu_i^{*} + RT \ln a_i \qquad \text{(Gl. 4.6)}$$

$$\Delta G^0{}_m = n_1 \Delta \mu_1 + n_2 \Delta \mu_2 = 0 \qquad \text{(Gl. 4.7)}$$

Das Polymergel erreicht ein Maximum an Quellung. Das Maximum wiederum ist abhängig von der Molmasse. Dies steht in indirekt proportionalem Verhältnis zum chemischen Potential des Polymers.

$$\Delta G^0{}_m = n_1 \Delta \mu_1 + n_2 \Delta \mu_2 = \left(\frac{N_g}{N_A}\right)\left[\Delta \mu_1 - \left(\Delta \mu_1 - X_2^{-1} \Delta \mu_2\right)\phi_2\right] \qquad \text{(Gl. 4.8)}$$

Daraus folgt: Je höher die Molmasse, umso höher ist die maximale Quellung, bzw. umso geringer ist das Bestreben des Polymers, vollständig vom Lösungsmittel solvatisiert zu werden.

Entsprechend den vorgegebenen Schwerpunkten sind dabei zwei mögliche Phänomene zu erwarten.

1. Die Polymere bilden mit dem Additiv ein Gel in Form eines gequollenen Polymers. In diesem Fall können die Abhängigkeiten anhand des direkt ermittelbaren maximalen Quellungsgrades Q_{max} untersucht und abgleitet werden. Folgende Eigenschaften sollten eine direkte Funktion zu Q_{max} aufweisen:

- Anzahl der Repetiereinheiten im Additiv
- Art und Anzahl der Funktionalisierung
- Struktur des Additivs

Die Einflussgrößen können aus der linearen Auftragung der Quellungsmaxima gegen die Repetiereinheiten der homologen Reihen der Additive abgeleitet werden.

$$Q_{\max} = Q_{spe;0} + Q_{spe} n_{\mathrm{Re}} \qquad \text{(Gl. 4.12)}$$

Der Ordinatenabschnitt $Q_{spe;0}$ ist das auf Null Repetiereinheiten intrapolierte Quellungsmaximum der reinen Methacrylat- bzw. Acrylat-Funktionen. Der Anstieg Q_{spe} stellt die Beeinflussung der Quellung durch Methacrylate bzw. Acrylate in Abhängigkeit der Repetiereinheiten dar.

2. Das Additiv im Polymer erreicht nicht das chemische Potential des reinen Additiv. Nach der maximalen Quellung des Polymers durch das Additiv bildet sich eine Polymerlösung aus Polymer und Additiv. In diesem Fall steht keine direkte Messgröße zur Verfügung.
Die Auswertung erfolgt hier über den zeitlichen Verlauf der Massenzunahme des Polymers durch Aufnahme des reinen Additivs bis zur maximalen Quellung. Dieses System folgt einer exponentiellen Beziehung.

$$y = \alpha \cdot x^{\beta} \qquad \text{(Gl. 4.10)}$$

Beziehungsweise nach Logarithmierung:

$$\ln y = \ln\alpha + \beta \ln x \qquad \text{(Gl. 4.11)}$$

Die Variable y stellt die prozentuale Massenzunahme an Additiv im Polymer dar und kann durch □m_{Add} ersetzt werden. Die Variable x ist ein Zeitterm und wird durch die Bezeichnung t substituiert. Die Konstante β ist die Geschwindigkeitskonstante für die Adsorption des entsprechenden Additives durch das Polymer und erhält die Bezeichnung k. Die Konstante α stellt den theoretischen prozentualen Anteil des Additivs im Polymer zur Zeit Null dar und ist für die Messungen vernachlässigbar. Der Term ln α wird durch n ersetzt.
Somit ergibt sich für die Auswertung folgende modifizierte Formel:

$$\ln\Delta m_{Add} = n + k\ln t \qquad \text{(Gl. 4.12)}$$

Die Geschwindigkeitskonstante k wird beeinflusst durch das Additiv, das Polymer und durch die Temperatur. Sie ist abhängig von der Art des Additives, von der Art des Polymers und der Temperatur. Die Versuche werden isotherm durchgeführt. Für die weitere Auswertung ist vor allem die Abhängigkeit der Geschwindigkeitskonstante vom Lösungsmittel wichtig. Dabei steht der Einfluss der Repetiereinheiten und die Art und Anzahl der Funktionalisierung im Vordergrund. Die Additive wurden so gewählt, dass folgende Varianzen entstehen:

- Anzahl der Repetiereinheiten
- Art der Funktionalisierung → Methacrylat- bzw. Acrylat-Funktion
- Anzahl der Funktionalisierung → mono- bzw. difunktionalisiert
- Struktureinfluss → lineare bzw. verzweigte Strukturen

Die Einflussgrößen können aus der linearen Auftragung der Geschwindigkeitskonstanten gegen die Repetiereinheiten der homologen Reihen der Additive abgeleitet werden.

$$k = k_{spe;0} + k_{spe} n_{\mathrm{Re}} \qquad \text{(Gl. 4.13)}$$

Der Ordinatenabschnitt $k_{spe;0}$ ist die auf Null Repetiereinheiten intrapolierte Geschwindigkeitskonstante der reinen Methacrylat- bzw. Acrylat-Funktionen für die Di-Funktionalisierung und deren Ester für die Mono-Funktionalisierung. Der Anstieg k_{spe} stellt die Beeinflussung der Art und Anzahl der Funktionalisierung über die Repetiereinheiten dar. Über diese Konstante ist es möglich den Einfluss der Art und Anzahl der Funktionalisierung zu quantifizieren.

4.2 Inhibierungsuntersuchungen

Bei den in dieser Arbeit untersuchten Systemen handelt es sich hinsichtlich der Dispersionsmittel um reaktive Komponenten, die in der Wärme polymerisieren. Der zugrunde liegende Mechanismus ist die radikalische Polymerisation. Der Mechanismus lässt sich in drei Reaktionen untergliedern.

1. Die Startreaktion:

Bei der Startreaktion erfolgt die Bildung von Radikalen, die die Kettenwachstumsreaktion einleiten. Die Radikale können aus thermisch initiierten, photoinitiierten, Redox-initiierten Systemen stammen oder aus der thermischen Disproportionierung von Kohlenstoffdoppelbindungen.
In der Regel entstehen bei der Spaltungsreaktion aus einem Initiatormolekül zwei Radikale. Nur bei den Redox-initiierten Zerfallsreaktionen entsteht aus der Bruttoreaktionsgleichung nur ein Startradikal, da die Spaltungsreaktionen häufig heterolytisch ablaufen. In allgemeiner Form kann von folgender Bruttoreaktionsgleichung ausgegangen werden[18].

$$I \xrightarrow{k_d} 2R\bullet \qquad \text{(Gl. 4.14)}$$

Mit der Annahme, dass die Zerfallsreaktion einer unimolekularen Reaktionsordnung gehorcht, kann für die Zerfallsgeschwindigkeit folgendes formuliert werden.

$$v_d = -\frac{d[I]}{dt} = k_d[I] \qquad \text{(Gl. 4.15)}$$

Da die Radikalausbeute, durch Abbruchreaktionen oder Übertragungsreaktionen nie hundert Prozent beträgt, muss dies durch den Radikalausbeutefaktor f_a berücksichtigt werden.

$$v_r = 2 f_a v_d \qquad \text{(Gl. 4.16)}$$

Somit kann für die Radikalbildung folgende Bildungsgeschwindigkeit angenommen werden.

$$v_r = \frac{d[R\bullet]}{dt} = 2 f_a k_d [I] \qquad \text{(Gl. 4.17)}$$

2. Start- und Kettenwachstumsreaktion

Der eigentlichen Wachstumsreaktion geht die Startreaktion voraus. Durch die gebildeten Radikale wird durch eine Übertragungsreaktion die radikalische Funktion auf das Monomermolekül übertragen.

$$R\bullet + M \xrightarrow{k_{st}} RM\bullet \qquad \text{(Gl. 4.18)}$$

Die Startreaktion läuft sehr schnell ab.

$$v_{st} = k_{st}[R\bullet][M] \qquad \text{(Gl. 4.19)}$$

Die Radikalbildung läuft wesentlich langsamer als die Startreaktion ab, so dass die Radikalbildung als geschwindigkeitsbestimmender Schritt angesehen werden kann.

$$v_{st} = 2 f_a k_d [I] \qquad \text{(Gl. 4.20)}$$

Bei der eigentlichen Wachstumsreaktion reagiert das gebildete Startradikal, mit jeweiliger Übertragung der radikalischen Funktion auf das nächste addierte Monomer weiter.

$$RM\bullet + M \xrightarrow{k_w} P\bullet \qquad \text{(Gl. 4.21)}$$

Für die Wachstumsgeschwindigkeit ergibt sich in vereinfachter Form

$$v_w = k_w[P\bullet][M]. \qquad \text{(Gl. 4.22)}$$

Da die Polymere hauptsächlich durch die Wachstumsreaktion mit den Monomeren erzeugt werden, kann die Wachstumsgeschwindigkeit gleich der Bruttopolymerisations-geschwindigkeit gesetzt werden.

$$v_w = v_{br} \qquad \text{(Gl. 4.23)}$$

3. Abbruchreaktion

Gestoppt werden kann die Kettenwachstumsreaktion durch eine Rekombination des Polymerradikals mit einem anderen Radikal durch Bildung einer inaktiven kovalenten Bindung.

$$P\bullet + R\bullet \xrightarrow{k_a} PR \qquad \text{(Gl. 4.24)}$$

Reaktionen die eine Inaktivierung des aktiven Polymerradikals zur Folge haben, werden als Abbruchreaktion bezeichnet. Vereinfacht gilt für die Geschwindigkeit des Abbruchschrittes:

$$v_a = 2k_a[P\bullet]^2 \qquad \text{(Gl. 4.25)}$$

Die Abbruchreaktion ist nicht nur ein wichtiger Bestandteil der kinetischen Betrachtung der Polymeraufbaureaktion. Durch die direkte Beeinflussung der Abbruchreaktion kann die Polymerisation, wie zum Beispiel von Methacrylat- bzw. Acrylat-Komponenten, völlig unterbunden werden. Die Unterbindung dieser Reaktionen wird Inhibierung genannt. Da bei der Inhibierung keine Initiatoren zugegeben werden, ist die Aufklärung der Entstehung der Radikale essentiell.

Die Verarbeitung der Polyolefine findet in der Regel über den Schmelzezustand statt. Das heißt, dass die Polymere oberhalb von Glasübergangstemperatur und Schmelzpunkt verarbeitet werden. Dazu muss Energie für die Überführung in die Schmelze und Energie für den Transport der Schmelze, wodurch Scherung entsteht, aufgebracht werden. Durch Energiezufuhr und die Anwesenheit von

Verunreinigungen, wie zum Beispiel Sauerstoff, können die Polymere geschädigt werden. Für die in dieser Arbeit verwendeten Reaktionssysteme können eventuell auftretende Schädigungen der Polymere durch folgende Einflüsse verursacht werden:

- thermische Energie
- Eintrag mechanischer Energie
- thermooxidative Prozesse

<u>Einflüsse durch Einbringen thermischer Energie:</u>

Um eine Schädigung der Polymerketten von Polyolefinen zu bewirken, muss durch thermische Energie die Dissoziationsenergie der kovalent verknüpften Bindungen übertroffen werden. Übliche Bindungsenergien liegen in folgenden Bereichen[19]:

C-C	240 – 400 kJ/mol
C-H	320 – 420 kJ/mol
C-O	~ 330 kJ/mol

Zum Überschreiten der Dissoziationsenergie wären somit mindestens 300 °C notwendig. Viel wahrscheinlicher ist es, dass die thermisch verursachte Dissoziation, die unterhalb der Dissoziationsenergie im Gleichgewicht vorliegt, synergistische Effekte mit anderen schädlichen Einflüssen, wie zum Beispiel der weiter unten aufgeführten Oxidation, eingeht.

<u>Einflüsse durch Einwirken von mechanischer Energie:</u>

Durch die eingebrachte mechanische Energie können die Polymerketten vollständig gestreckt werden. Das hat zur Folge, dass Kettensegmente aufbrechen können und sich zwei Radikale bilden.

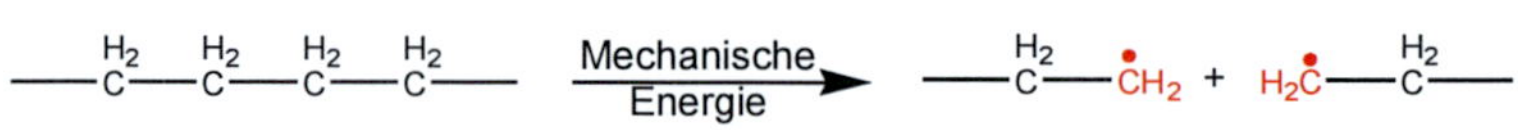

(Gl. 4.26)

Diese gebildeten Radikale können in Abhängigkeit der in der intramolekularen Nachbarschaft befindlichen Substituenten zu einer Vernetzung, wie es bei Polyethylen der Fall ist, oder zu einem Abbau des Polymers führen, wie es zum Beispiel bei Polypropylen eintritt.

In den Gleichungen 4.27 ist ein möglicher Verlauf für Polyethylen[20,21] dargestellt.

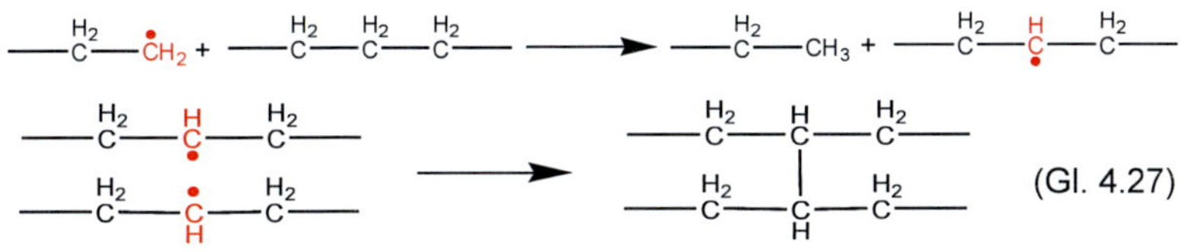

(Gl. 4.27)

Bei der homolytischen Spaltung der Polyethylenhauptkette entstehen zwei energetisch ungünstige Radikale an einem primären Kohlenstoff. Diese sind bestrebt, sich energetisch zu stabilisieren. Das erfolgt zum Beispiel über eine intramolekulare Übertragungsreaktion (Gl. 4.27). Das Radikal wird durch Substitution eines sekundär gelegenen Wasserstoffes auf den primären Kohlenstoff auf einen energetisch günstigeren sekundären Kohlenstoff übertragen. Durch die Rekombination von zwei sekundären C-Radikalen können vernetzte höhermolekulare Strukturen entstehen, wobei die Radikale inaktiviert werden.

Beim Polypropylen erfolgt eine heterolytische Spaltung mit einem sekundären Kohlenstoffradikal und einem endständigen primären Kohlenstoffradikal, welches in direkter Nachbarschaft zu einem tertiären Kohlenstoffatom steht.

(Gl. 4.28)

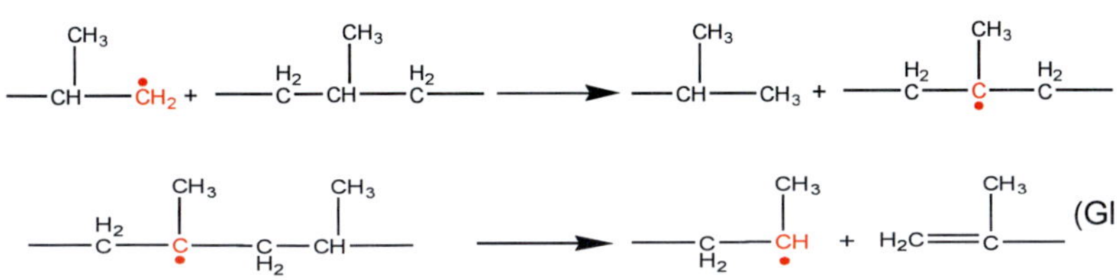

(Gl. 4.29)

Das primäre wie auch das sekundäre Kohlenstoffradikal gehen eine Umlagerung ein. Durch die Umlagerung werden aus zwei energetisch ungünstigeren Zuständen, stabilere Energiezustände an einem tertiären Kohlenstoffatom durch Wasserstoffabstraktion erhalten. Durch die Disproportionierung (Gl. 4.29) kann aus dieser Struktur wieder ein endständiges primäres Radikal und eine endständige ungesättigte mesomeristabilisierte Kohlenstoffbindung entstehen. Das entstehende endständige primäre Radikal führt über die Umlagerung zu einem weiteren Abbau des Polypropylens[20,21].

Einflüsse durch thermooxidative Prozesse:

Das Sauerstoffmolekül ist ein Biradikal. Trotz dieser Eigenschaft ist Sauerstoff selbst nur wenig reaktiv. Erst in Form des Peroxiradikals weist Sauerstoff einen deutlichen radikalischen Charakter auf. Entstehen können die Peroxiradikale durch Rekombination mit aus thermischen Schädigungen erzeugten Radikalen (Gl. 4.30). Auf diese Radikale wirkt Sauerstoff als Inhibitor, indem es mit dem einen ungepaarten Elektron eine kovalente Bindung eingeht und somit aus dem Biradikal ein Monoradikal entsteht.

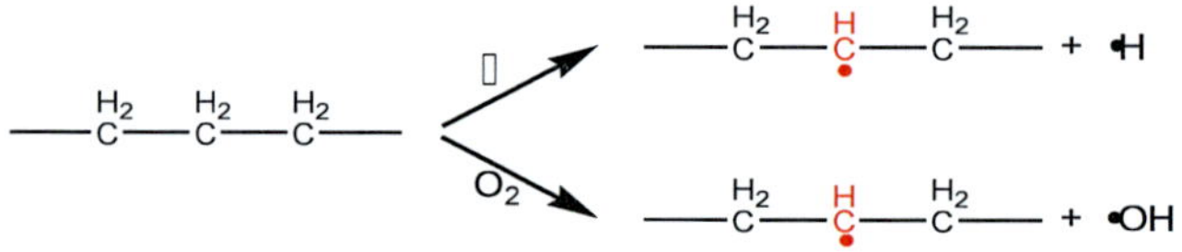

(Gl. 4.30)

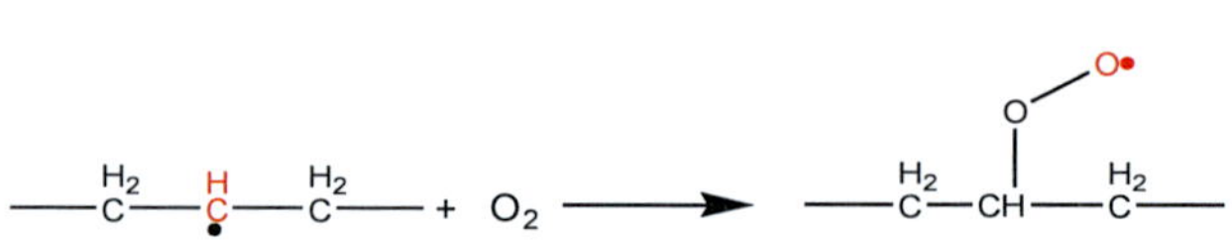

(Gl. 4.31)

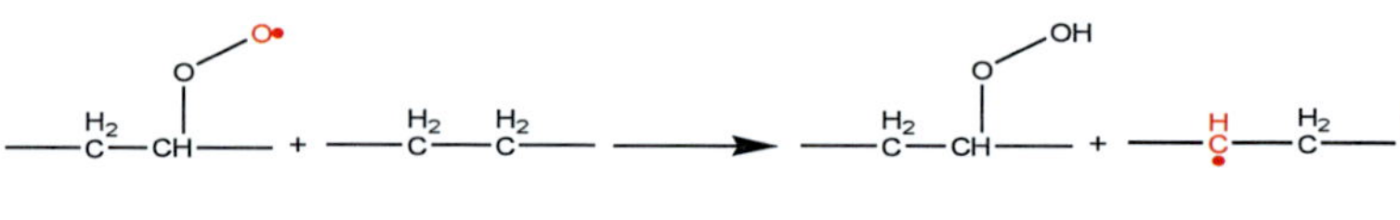

(Gl. 4.32)

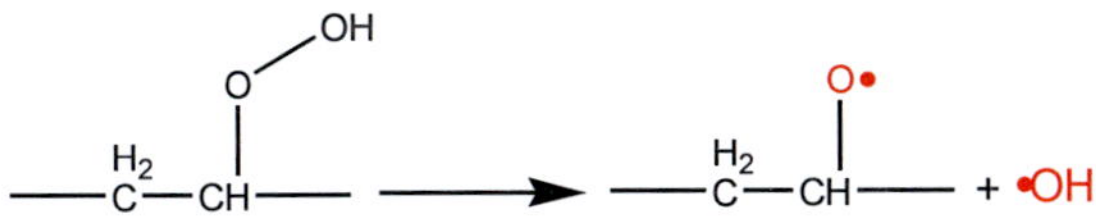

(Gl. 4.33)

(Gl. 4.34)

Bei der Thermooxidation kann durch Umlagerungen eine Vielzahl von Verbindungen gebildet werden, die Abbau bzw. Vernetzung der Polymere verursachen können. Zum Anderen können diese Radikale empfindlich in andere Systeme eingreifen, so wie es in den hier zu untersuchenden reaktiven Systemen der Fall ist. Hauptsächlich durch die Bildung der Peroxiradikale kann bei den Verarbeitungstemperaturen eine ungewollt frühzeitige Vernetzung der Methacrylat- bzw. Acrylat-Komponenten einsetzen.

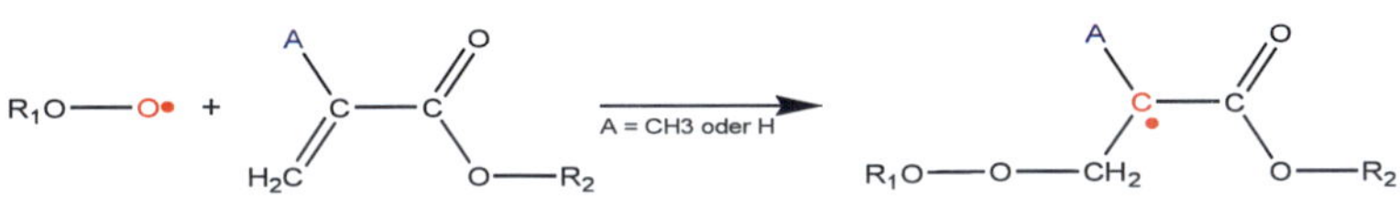

(Gl. 4.35)

Um diese bei der Dispersionsherstellung ungewollte Polymerisation zu unterbinden, ist es üblich, den Methacrylat- bzw. Acrylat-Komponenten Inhibitoren zu zusetzen. Die Inhibitoren differenzieren sich in zwei Klassen.

Die erste Klasse sind die passiven Inhibitoren. Diese werden zum Beispiel durch Peroxiradikale aktiviert und führen in aktivierter Form als sehr weiches und hoch selektives Radikal zu einer Kettenabbruchreaktion im Propagationsschritt. Für Hydrochinonmonomethylether (MeHQ) läuft diese Abbruchreaktion für Acrylsäure 100mal schneller ab als die Polymeraufbaureaktion[22,23].

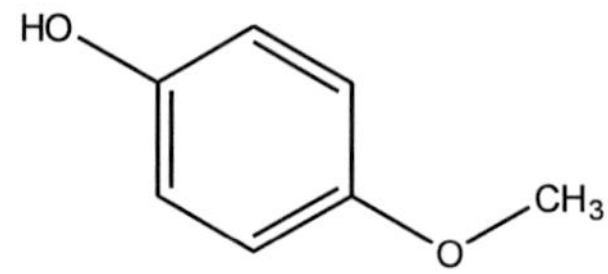

4-Methoxylphenol
Hydrochinonmonomethylether
MeHQ

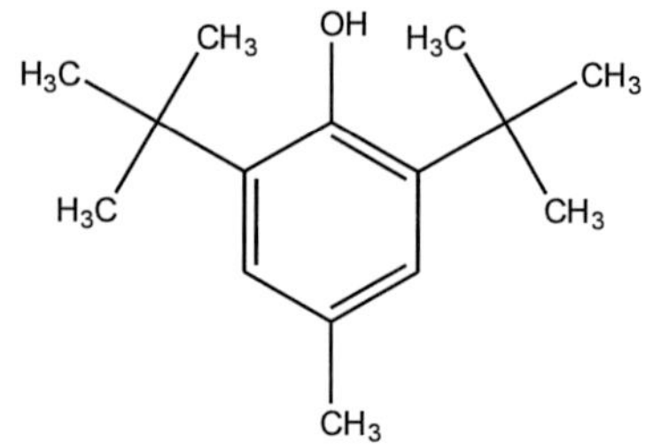

2,6-di-tert.Butyl-4-Methylphenol
Ionol

Abbildung 2 Passive Inhibitoren

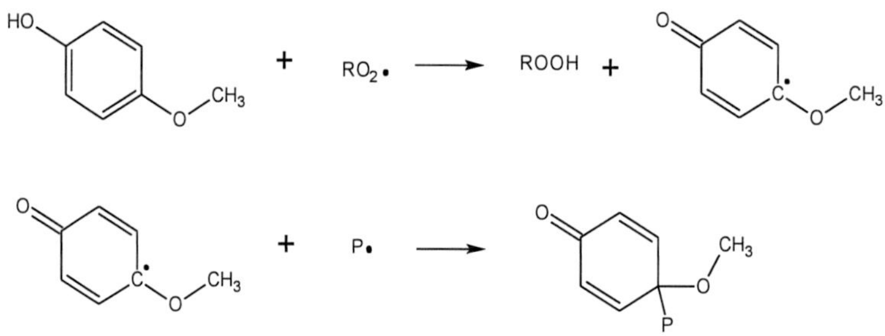

(Gl. 4.36)

Die zweite Klasse sind aktive Inhibitoren. Diese weisen den Vorteil auf, dass sie den Aktivierungsschritt, der zum Beispiel durch Peroxiradikale erfolgt, nicht benötigen. Sie sind von Natur aus weiche und hoch selektive Radikale.

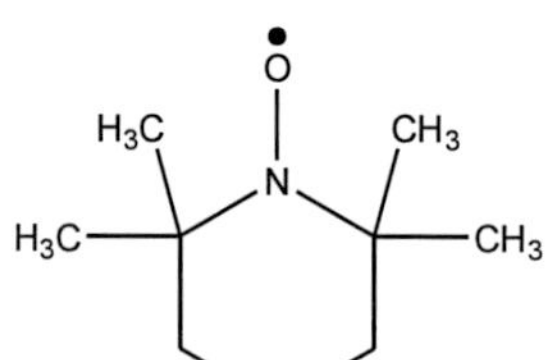

2,2,6,6-tert-Methylpiperidin-N-Oxyl
TEMPO

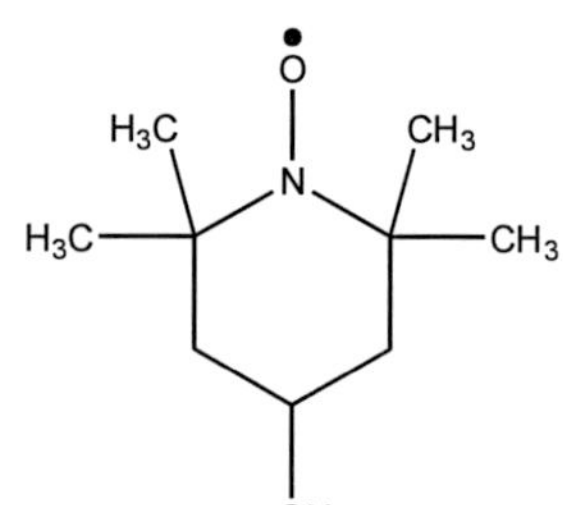

4-Hydroxy-2,2,6,6-tert-Methylpiperidin-N-Oxyl
HO-TEMPO

Abbildung 3 Aktiven Inhibitoren

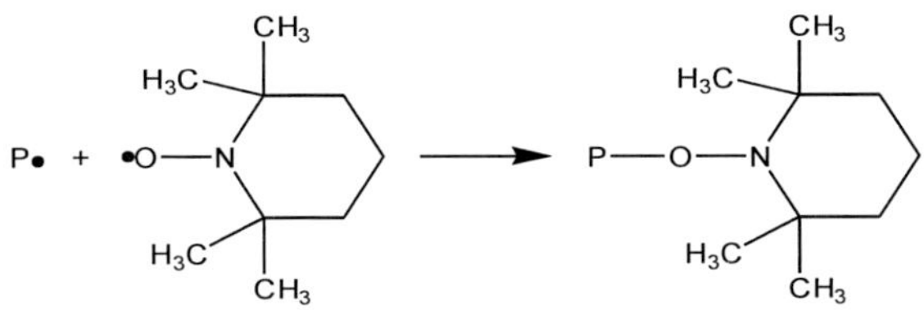

(Gl. 4.37)

Mit diesen vier Inhibitoren sollte untersucht werden, wie sich die unerwünschte Polymerisation während der Verarbeitung der Komponenten unterbinden lässt. Um den Einfluss der Polymerkomponenten richtig zu erfassen, wurden Versuche zur Inhibierung der Methacrylat- bzw. Acrylat-Komponenten, in entsprechenden Verhältnissen in der Polymerschmelze durchgeführt. Ausgeführt wurden die Versuche mit einem Brabender-Messkneter. Nach dem Aufschmelzen des Polymers wurden innerhalb von zehn Minuten die Methacrylat- bzw. Acrylat-Komponenten gleichmäßig zudosiert. Als Kriterium für die Inhibierungszeit dient in diesen Versuchen die Zeit bis zum spontanen Anstieg des Drehmomentes. An diesem Punkt ist der Inhibitor durch Abbruchreaktionen vollständig verbraucht. In Folge dessen kann die Polymerisation der Methacrylat- bzw. Acrylat-Komponenten nicht mehr unterbunden werden. Es kommt durch die Polymerisation, je nach Anzahl der funktionellen Gruppen, zu einem Anstieg des Drehmomentes.

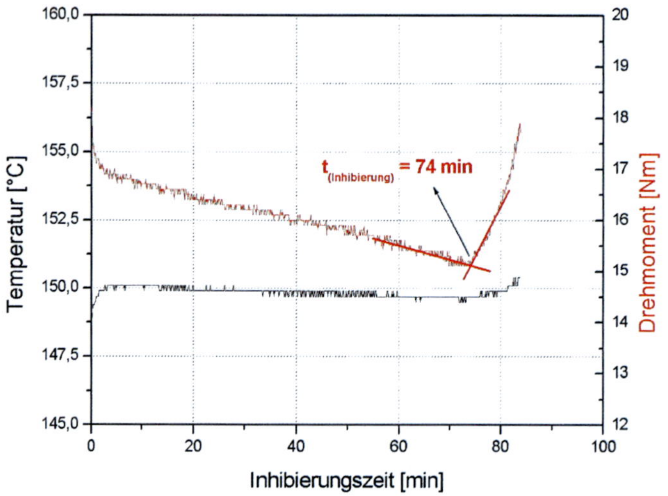

Abbildung 4 *Ermittlung des Kriteriums für die Inhibierungswirkung (System EPDM/unpolares Acrylat/MeHQ)*

Über die Inhibierungszeit können Aussagen über die verschiedenen Einflüsse auf die Inhibierung getroffen werden. Zur Analyse der Inhibitorwirkung wird die eingesetzt Menge an Inhibitor n_i immer auf die Anzahl an funktionellen Methacrylat- bzw. Acrylat-Funktionen pro Molekül bezogen.

Die Stoffmenge des Inhibitors (i) bzw. der Methacrylat- bzw. Acrylat-Komponenten (LSM) lassen sich wie folgt berechnen:

$$n_i = \frac{m_i}{M_i} \quad \text{(Gl. 4.38)} \qquad n_{LSM} = \frac{m_{LSM}}{M_{LSM}} \quad \text{(Gl. 4.39)}$$

Die Menge an funktionellen Gruppen n_{fG} wird über den Faktor f, der die Anzahl der reaktiven Gruppen pro Molekül darstellt, berechnet.

$$n_{fG} = n_{LSM} f \quad \text{(Gl. 4.40)}$$

Der Inhibitorverbrauch errechnet sich aus dem Quotienten von Gleichung 4.38 und 4.39.

$$\Delta n_i = \frac{m_i M_{LSM}}{M_i m_{LSM} f} \qquad \text{(Gl. 4.41)}$$

Zur Beurteilung von äußeren Einflüssen auf die Inhibierung, wie zum Beispiel die Verarbeitungstemperatur oder die Scherung der Schmelze, wird der Radikalstrom als Kriterium verwendet. Der Radikalstrom r_i kann aus der Stoffmenge an verbrauchtem Inhibitor pro Zeit berechnet werden.

$$r_i = \frac{\Delta n_i}{t} \qquad \text{(Gl. 4.42)}$$

Über den so ermittelbaren Radikalstrom kann der Einfluss der Inhibitoren auf die reaktiven Additive, sowie der Einfluss der Temperatur, der Scherung und des Polymertypes auf Radikalbildungsvorgänge im Dispergierprozess abgeleitet werden.

4.3 Plastisolspezifische Eigenschaften

4.3.1 Viskositäts- und Fließeigenschaften

Der Quotient aus Schubspannung τ und Schergeschwindigkeit $\dot{\gamma}$ ergibt die dynamische Viskosität[24].

$$\eta = \frac{\tau}{\dot{\gamma}} \qquad \text{(Gl. 4.45)}$$

Flüssigkeiten, die dieser Beziehung gehorchen, werden als Newtonsche Flüssigkeiten bezeichnet.

Suspensionen, wie die PO-Plastisole, sind typische Vertreter der nicht-Newtonschen Flüssigkeiten. Für sie gilt:

$$\eta(\dot{\gamma}) = \frac{\tau}{\dot{\gamma}} \neq const \qquad \text{(Gl. 4.46)}$$

Bei niedrigem Feststoffgehalt in der Suspension kommt es mit zunehmendem Volumenanteil des Feststoffes Φ_{fest} am Gesamtsystem zu einem nahezu linearen Anstieg der Ausgangsviskosität η_{LSM} des Lösungsmittels. Die Störeffekte der Einzelpartikel des Feststoffes in verdünnter Lösung auf das Strömungsprofil des Lösungsmittels können mit der Einstein-Gold-Beziehung (Gl. 4.48) gut beschrieben werden[25].

$$\Phi_{fest} = \frac{V_{fest}}{V_{fest} + V_{LSM}} \qquad \text{(Gl. 4.47)}$$

$$\eta_{Suspension} = \eta_{LSM}(1 + \Phi_{fest}^{2}) \qquad \text{(Gl. 4.48)}$$

Bei höheren Feststoffanteilen trifft diese einfache Beziehung nicht mehr zu. Durch interpartikuläre Wechselwirkungen, wie Partikelkollisionen und abstoßende oder anziehende Wechselwirkungen, zum Beispiel Van-der-Waals-Kräften, trifft die Einzelpartikelbetrachtung nicht mehr zu.

Eine erweiterte Form der Einstein-Gold-Beziehung ist die Krieger-Dougherty Gleichung[26]. Bei dieser wird die Nullviskosität $\eta_{Suspension,0}$, bei einer Scherrate gegen Null, betrachtet. Erweitert wird die Gleichung um die intrinsische Viskosität $[\eta_0]$, die gegen Null Feststoffanteil läuft, und den Packungsparameter Φ_m, der ein Quotient aus dem Partikelvolumen und dem Volumen darstellt, das die Partikel in ihrer Packung aufweisen.

$$\Phi_m = \frac{V_{fest}}{V_{Packung}} \qquad \text{(Gl. 4.49)}$$

$$\eta_{Suspension,0} = \eta_{LSM}\left(1 + \frac{\Phi_{fest}}{\Phi_m}\right)^{-[\eta_0]\Phi_m} \qquad \text{(Gl. 4.50)}$$

Bei dieser Gleichung muss beachtet werden, dass die Partikelverteilung einen wesentlichen Einfluss ausübt. Eine bimodale Verteilung führt, aufgrund der höheren Packungsdichte, schon zu erheblich niedrigeren Viskositäten[27]. Eine Abweichung von einer monomodalen Verteilung führt zu einer komplexeren Betrachtung der Packungsdichte.

Bei diesen Modellen zur Bestimmung des Viskositäts- und Fließverhaltens in Abhängigkeit des Volumenanteils gibt es Nebenbedingungen, die für die PO-Plastisole nur schwer zu erfüllen sind. So ist schon eine monomodale Partikelverteilung, wie in Abbildung 5 aus den Partikelverteilungen für ein Plastisol basierend auf EPDM zu ersehen, sehr schwer zu erzeugen.

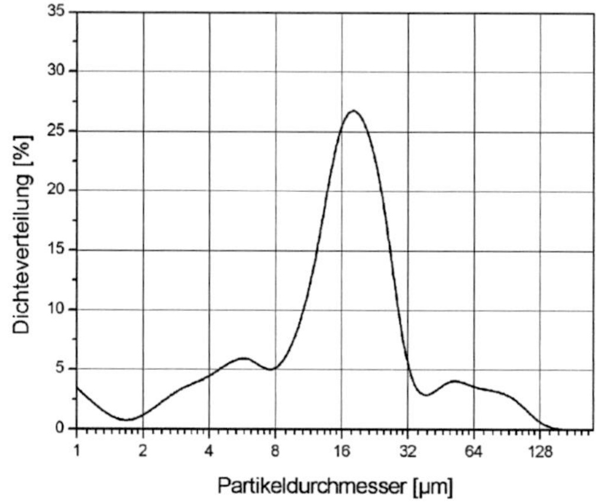

Abbildung 5 *Nahezu monomodale Partikelverteilung des untersuchten EPDM basierten Plastisolsystems*

Durch Deformationen während der Verarbeitung sind die erhaltenen Partikel nur bedingt sphärisch.

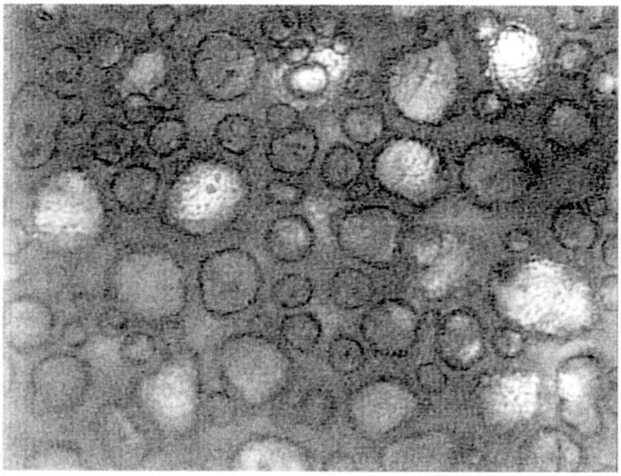

Abbildung 6 *Lichtmikroskopische Aufnahme eines PO-Plastisols (1 cm = 25 µm)*

Ein weiteres Problem stellt die Zusammensetzung der flüssigen Phase aus mindestens zwei unterschiedlichen Komponenten dar, die mitunter nur teilverträglich sind. Auch die Erfassung des Volumens der Flüssigphase, die zum einen durch Volumenkontraktion und zum anderen durch die räumliche Einbeziehung des Morphologiepolymers nicht genau definiert werden kann, verkompliziert die hier untersuchten Suspensionen.

Um die Systeme entsprechend ihrer Volumenanteile analysieren zu können, muss von folgenden Annahmen ausgegangen werden:

1. Das Volumen des Basispolymers und des Morphologiepolymers sind additiv.
2. Das Morphologieadditiv wird mit zum Volumen der Partikel gezählt.
3. Das Volumen des Dispergieradditivs wird vollständig dem Volumen der Flüssigphase zugeordnet.
4. Das Formulierungsmittel und das Dispergieradditiv sind miteinander verträglich.
5. Die chemische Natur der Komponenten hat einen vernachlässigbaren Einfluss auf die Viskositäts- und Fließeigenschaften

Mit diesen Annahmen ergibt sich für den Feststoffanteil folgende Berechnungsgrundlage:

$$\Phi_{fest} = \frac{V_{fest}}{V_{fest} + V_{LSM}} \qquad \text{(Gl. 4.51)}$$

Das Volumen des Fest- bzw. Flüssiganteils setzt sich wie folgt zusammen:

$$V_{fest} = V_{BP} + V_{MP} + V_{MA} \qquad \text{(Gl. 4.52)}$$

$$V_{LSM} = V_{DA} + V_{FM} \qquad \text{(Gl. 4.53)}$$

Mit diesen Annahmen sollte es möglich sein, einen Zusammenhang des Feststoffanteils mit dem Viskositäts- bzw. Fließverhalten abzuleiten und es für den pseudoplastischen Bereich mathematisch zu beschreiben.

4.3.2 Geliereigenschaften

Wie Viskositäts- und Fließeigenschaften stellen die Geliereigenschaften eine essentielle Charakteristik für Plastisole dar. Die Geliereigenschaften geben Auskunft über die Temperaturabhängigkeit der Quellung der Polymerpartikel mit dem Formulierungsadditiv.

Eine Methode zur Analyse des Gelierprozesses bietet die oszillierende rheologische Untersuchung. Laut dem Hookschen Gesetz ist der Widerstand eines ideal elastischen Materials proportional zur Scherung[28]. Der Proportionalitätsfaktor wird als Speichermodul G´ bezeichnet. Bei einem ideal viskosen Material dagegen, ist der Widerstand proportional zur Schergeschwindigkeit. Den Proportionalitätsfaktor bildet die Viskosität, die als Produkt mit der Winkelgeschwindigkeit den Verlustmodul G´´ ergibt. Schubmodul und Speichermodul sind bei einer sinusförmigen Deformation um 90° verschoben.

$$\tau(t) = G'\gamma(t) = G'\hat{\gamma}\sin(\omega t) \quad \textit{elastisch} \qquad \textit{(Gl. 4.54)}$$

$$\tau(t) = \eta\dot{\gamma}(t) = G''\hat{\gamma}\cos(\omega t) \quad \textit{viskos} \qquad \textit{(Gl. 4.55)}$$

$$\tau(t) = G'\hat{\gamma}\sin(\omega t) + G''\hat{\gamma}\cos(\omega t) \quad \textit{viskoelastisch} \qquad \textit{(Gl. 4.56)}$$

Wie der Name ausdrückt, ist das Speichermodul ein Maß für die reversible Energie bei der wechselnden Verformung einer Schwingung. Der Verlustmodul dagegen kennzeichnet die irreversible Energie. Der Quotient aus Verlustmodul und Speichermodul ergibt den Verlustfaktor d bzw. den Phasenwinkel α .

$$d = \frac{G''}{G'} = \tan\alpha \qquad \textit{(Gl. 4.57)}$$

Mit Hilfe dieser Beziehung können die Abläufe während des Gelierens beschrieben werden[29-31]. Bei kontinuierlicher Temperaturerhöhung beginnen die Polymerpartikel zu quellen. Mit zunehmender Quellung der Polymerpartikel wird ein Teil der durch die sinusförmige Schwingung eingebrachten Energie in Form von Solvatations-, Bewegungs- und thermischer Energie dissipiert[32]. Der somit irreversibel verlorene Energieanteil verdeutlicht sich im Phasenwinkel. Dieser weist beim Übergang zum vollständig gelierten Plastisol ein Maximum auf. Anhand dieses Maximums kann der Einfluss der chemischen Natur der Methacrylat- bzw. Acrylat-Komponenten und des Volumenanteils der Polymerpartikel auf die Gelierung analysiert und bewertet werden.

4.4 Mechanische Eigenschaften

Die ausgelierten PO-Plastisole sind von ihrer Morphologie her ein heterogenes System. Die Hauptphasen bilden dabei die Basispolymerkomponente und die unverträgliche polare Methacrylat- bzw. Acrylat-Komponente. Die Phase des Morphologiepolymers hat aufgrund des geringen Volumenanteils einen geringeren Einfluss. Ebenso gering, bezogen auf die Hauptphasen, ist der Einfluss der unpolaren Methacrylat- bzw. Acrylat-Komponenten einzuschätzen. Bei den hohen Geliertemperaturen sollten diese sich homogen in die Polymerphase einfügen.
Die mechanischen Eigenschaften der gelierten PO-Plastisole werden stark dadurch geprägt, welche der Hauptphasen überwiegt. Ist die Polymerphase stärker ausgeprägt, werden die mechanischen Eigenschaften von den Eigenschaften des Basispolymers dominiert sein. Wenn die polare Methacrylat- bzw. Acrylat-Phase überwiegt, werden die mechanischen Eigenschaften durch diese geprägt. Die mechanischen Eigenschaften des Basispolymers treten in den Hintergrund.
Ein Instrument zur Steuerung der Ausprägung der Hauptphasen stellt der polare Anteil in dem Methacrylat- bzw. Acrylat-System dar. Wenn dieses System zum überwiegenden Teil aus den mit dem Hauptpolymer phasenverträglichen überwiegend unpolaren Methacrylat- bzw. Acrylat-Komponenten besteht, sollte dadurch die Polymerphase stärker ausgeprägt sein. Wenn im System die polaren Methacrylat- bzw. Acrylat-Komponenten überwiegen, die phasenunverträglich mit der Polymerphase sind, so sollte die polare Methacrylat- bzw. Acrylat-Phase stärker ausgeprägt sein.

Eine zusätzliche Prägung der mechanischen Eigenschaften durch die polaren Methacrylat- bzw. Acrylat-Komponente kann über die Anzahl der funktionellen Gruppen erfolgen. Je höher die Anzahl der funktionellen Gruppen pro Molekül ist, desto höher ist die, nach der Vernetzung, resultierende Netzwerkdichte. Die zunehmende Netzwerkdichte hat zur Folge, dass das zäh-harte Verhalten der mechanischen Eigenschaften zunimmt.
Zum Erzielen der Varianz der mechanischen Eigenschaften können folgende theoretische Überlegungen angesetzt werden:

Vernetzende Rezepturen:

Für die Realisierung vernetzter ausgelierter Plastisole mit überwiegende zäh-hartem mechanischen Verhalten sollten die Methacrylat- bzw. Acrylat-Eigenschaften überwiegen. Je geringer der Anteil an unpolaren Methacrylat- bzw. Acrylat-Komponenten ist, umso geringer sollte die Ausprägung der Polymerphase sein. Mit polaren Komponenten sollte das mechanische Verhalten deutlich von den Methacrylat- bzw. Acrylat-Komponenten beeinflusst werden. Verstärkt werden sollte dieser Effekt über die Erhöhung der Vernetzungsdichte in den ausgelierten PO-Plastisolen. Durch die Anzahl an funktionellen Gruppen pro Moleküle in den polaren Komponenten kann dies realisiert werden. Die ausgelierten Plastisole sollten so einen deutlich zäh-harten Charakter der mechanischen Eigenschaften aufweisen.

Teilvernetzende Rezepturen:

Für die Generierung von teilvernetzenden Rezepturen mit hauptsächlich polymer-dominiertem Eigenschaftsbild sollte der unpolare Anteil im Methacrylat- bzw. Acrylat-System überwiegen. Durch den erhöhten unpolaren Anteil, der mit der Polymerphase verträglich ist, sollte diese auch die ausgeprägtere sein. Die mechanischen Eigenschaften des thermoplastischen Polymers im zähen Zustand sollten dominieren. Um zu verhindern, dass elastisches Verhalten mit geringer Festigkeit und hoher Dehnung überwiegt, wie es bei weichgemachtem PVC auftritt[33], sollte die Festigkeit durch difunktionelle Methacrylat- bzw. Acrylat-Komponenten erhöht werden.

Nicht vernetzende Rezepturen:

Für die nicht vernetzenden Rezepturen sollen ausschließlich monofunktionelle Methacrylat- bzw. Acrylat-Komponenten zum Einsatz kommen. Um eine entsprechend dominierende Polymerphase im ausgelierten Plastisol zu gewährleisten, sollte der unpolare Anteil der Methacrylat- bzw. Acrylat-Komponenten wieder überwiegen.

Für die grundlegenden mechanischen Eigenschaften sollten in erster Linie die ausgewählten Komponenten verantwortlich sein. Des weiteren können auch die plastisolspezifischen Eigenschaften, wie Viskosität und Volumenanteil der Polymerfraktion, Einfluss auf das mechanische Verhalten haben. Neben der Zusammensetzung der Plastisole stellen auch physikalische Parameter, wie die Verarbeitungstemperatur[30] der Plastisole zu festen Werkstoffen, eine zu untersuchende Einflussgröße dar.

5 Auswahl der zu untersuchenden Materialien

Entsprechend der Zielstellung und den damit verbundenen Aufgaben wurden für die Komponenten verfügbare Materialien ausgewählt. Die Auswahl erfolgte so, dass eine Interpretation der Abhängigkeiten und Wirkungen möglich ist.

1. Für die Basispolymere wurden Polyolefine mit unterschiedlichem Eigenschaftsspektrum ausgewählt. Von besonderem Interesse ist hier die Differenzierung der mechanischen Eigenschaften sowie des kristallinen Anteils der Polyolefine. Das trifft zu für die Thermoplasten Polyethylen niederer Dichte, thermoplastische Elastomere (Ethylen-1-Octen-Copolymer) und Kautschuke auf Basis von Ethylen-Propylen-Dienmonomer. In Tabelle 6 sind Eigenschaften der ausgewählten Basispolymere dargestellt.

Basispolymer	**LD-PE**	**Ethylen-1-Octen**	**EPDM**
Spezifikation	Thermoplast	thermoplastisches Elastomer	Kautschuk
Zugfestigkeit	11 MPa[1] / 15 MPa[2]	5 MPa[1] / 21 MPa[2]	-
Dehnung	14,5 %[3] / 600 %[4]	1200%	-
Steifigkeit	260 MPa	80 MPa	-
Shore-Härte	48 D	40 D	< 90 A
Kristallinität	32 – 36 %	ca. 26 – 30 %	10 – 15 %
Modifikation	-	-	0,5 % ENB

[1]= Streckspannung; [2]= Bruchspannung; [3]= Streckdehnung; [4]= Bruchdehnung;

Tabelle 6 Eigenschaften der ausgewählten Basispolymere[35,36]

Als Morphologiepolymere empfehlen sich SEBS-Triblockpolymere[15] mit einem Styrol-Butadien-Verhältnis von 30 zu 70 Masseprozent. Um die thermodynamische Verträglichkeit der Morphologiepolymere zu den Morphologie- und Dispergieradditiven zu verbessern, wurden SEBS-Typen ausgewählt, die mit polaren Strukturen modifiziert sind. In Tabelle 7 sind die verwendeten SEBS-Typen mit Art und Grad der Funktionalisierung aufgeführt.

Morphologiepolymere	Funktionalisierung	Struktur	Pfropfgrad
SEBS-g-MSA	Maleinsäureanhydrid	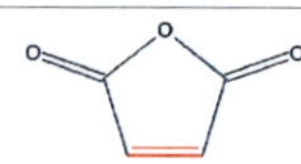	1,6%
SEBS-g-AS	Acrylsäure	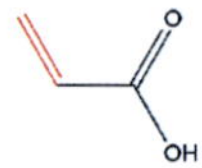	4,5%
SEBS-g-HEA	Hydroxyethylacrylat	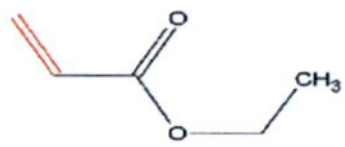	3,5%
SEBS-g-Silan	□-Methacryloxy-propyltrimethoxysilan	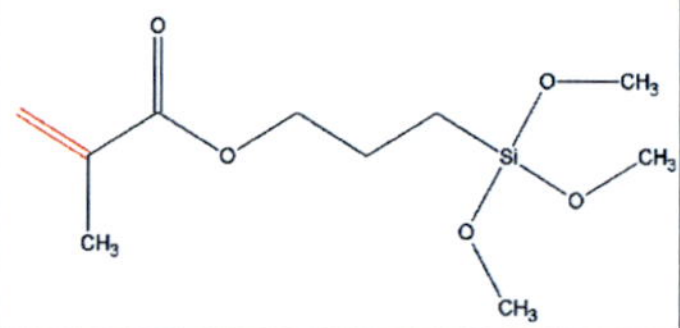	1,0%

Tabelle 7 Übersicht über die ausgewählten Morphologiepolymere (Angaben vom Hersteller)

Als Formulierungsadditive kommen Verbindungen in Betracht, die neben den überwiegend polaren Methacrylat- bzw. Acrylat-Strukturen unpolare aliphatische, aus CH_2-Gruppen aufgebaute, Strukturen aufweisen. Die unpolaren Eigenschaften können über die Anzahl der CH_2-Repetiereinheiten im unpolaren Anteil gesteuert werden. Je höher die Zahl der unpolaren Repetiereinheiten ist, desto unpolarer ist das Formulierungsadditiv. In Tabelle 8 sind die zur Verfügung stehenden Formulierungsadditive aufgeführt. Die Struktur der unpolaren Repetiereinheiten ist bei den ausgewählten Komponenten gleich.

Funktionalisierung	Struktur	unpolare Repetiereinheiten
Monoacrylat	unverzweigt	12
		15
	verzweigt	17
Monomethacrylat	unverzweigt	5
		12
		17

Tabelle 8 Übersicht über ausgewählte Morphologieadditive

Bei den Dispergieradditiven ist die Variation der polaren Eigenschaften von Interesse. Gesteuert wird der polare Charakter der ausgewählten Verbindungen ebenfalls über die Anzahl der Repetiereinheiten. Für den polaren Charakter der Repetiereinheiten ist Sauerstoff (Tabelle 2) verantwortlich. Die Repetiereinheiten der ausgewählten Verbindungen sind in ihrer Struktur gleich.

Art Funktionalisierung	**Anzahl Funktionalisierung**	**polare Repetiereinheiten**
Acrylat	Mono	8
	Di	4
		9
		13
Methyacrylat	Mono	7
		9
	Di	1
		4
		9

Tabelle 9 Übersicht über ausgewählte Dispergieradditive

6 Praktischer Teil und Interpretation

Im Teil eins der praktischen Arbeiten sollen die Abhängigkeiten der nach theoretischen Gesichtspunkten ausgewählten Materialien, insbesondere der Einfluss der verwendeten Methacrylat- und Acrylat-Komponenten, auf die Polymere, mittels Quellungs-untersuchungen aufgeklärt werden.

Im zweiten Teil wird die für die Verarbeitung bei hohen Temperaturen notwendige Inhibierung der Autopolymerisation der Methacrylat und Acrylat-Komponenten untersucht. Anhand der Auswertung von Messkneterkurven soll der Einfluss der chemischen Natur der Methacrylate bzw. Acrylate sowie äußerer Faktoren quantifiziert werden.

Im dritten Teil sollen die plastisolspezifischen Eigenschaften, wie Partikelverteilung, Viskositäts- und Fließverhalten sowie Gelierverhalten der Polymerpartikel in den Methacrylat- bzw. Acrylat-Verbindungen ermittelt und deren Einflüsse untersucht werden.

Im abschließenden Teil wird die Beeinflussung der mechanischen Eigenschaften durch Variation der eingesetzten Methacrylate bzw. Acrylate für die drei ausgewählten Modelpolymere LD-PE, Ethylen-1-Octen und EPDM untersucht.

6.1 Quellungsuntersuchungen

Für die Quellungsuntersuchungen können die Versuche entsprechend der Funktionsklassen der eingesetzten Polymere unterteilt werden. Die Versuche an den Basispolymeren und Morphologiepolymeren können jeweils in die Untersuchungen mit den Morphologie- und Dispergieradditiven gegliedert werden, so dass sich vier Untersuchungsfelder ergeben.

Die Quellungsuntersuchungen an den Basispolymeren sollen vor allem Aufschluss über die thermodynamische Eignung nach Tabelle 4 und Tabelle 5 der ausgewählten Methacrylate und Acrylate geben. Gleiches gilt für die Quellungsuntersuchungen der Morphologiepolymere durch die Morphologieadditive. Aus den Quellungsuntersuchungen der Morphologiepolymere mit den Dispergieradditive soll

zudem ein halbempirisches Verfahren zur Beurteilung der Eignung der Additive abgeleitet werden.
Die Quellungsuntersuchungen wurden bei 50 °C durchgeführt. Bei dieser Temperatur sind alle ausgewählten Methacrylate bzw. Acrylate in einem flüssigen Aggregatzustand. Dies ist eine wesentliche Voraussetzung für die Untersuchungen. Weiterhin liegt die gewählte Temperatur unterhalb der Verarbeitungstemperatur. Dies stellt sicher, dass die thermodynamischen Beziehungen nach Tabelle 5 gelten. Das sind die essentiellen Beziehungen für den Partikelbildungsmechanismus. Bei den Untersuchungen der Quellung der Morphologiepolymere durch die Morphologieadditive wurde für eine bessere Differenzierung der Abhängigkeiten bzw. der Einflüsse die Versuchstemperatur auf 23 °C abgesenkt. Die genauen Methoden und die Durchführung der Untersuchungen können dem Anhang entnommen werden.

6.1.1 Quellungseigenschaften Basispolymere

6.1.1.1 Quellung der Basispolymere durch die Morphologieadditive

Für die thermodynamische Beziehung zwischen Basispolymer und Morphologieadditiv muss gelten, dass bei der Gebrauchstemperatur die Gibbsche Mischungsenthalpie $\Delta G_m \geq 0$ ist. Das heißt, dass sich die Basispolymere bei dieser Temperatur nicht in den Morphologiepolymeren lösen, sondern nur quellen. Bei den Untersuchungen zeigte sich, dass für das EPDM diese Bedingung bei 50 °C nicht erfüllt ist. Durch die Reduzierung der Versuchstemperatur auf 23 °C konnte die Grundbedingung von $\Delta G_m \geq 0$ auch für das EPDM nachgewiesen werden.
In Abbildung 7 ist der Quellungsverlauf des EPDM's im C17-Acrylat bei 23 °C bzw. 50 °C dargestellt. Die Quellung bei 23 °C steigt stetig an bis ein Quellungsmaximum des EPDM's durch das C17-Acrylat erreicht wird. Bei 50 °C ist der Quellungsverlauf steiler. Ein Quellungsmaximum wird mit dem C17-Acrylat nicht erreicht. Statt dessen geht das EPDM in Lösung. Dementsprechend gilt für das EPDM und das C17-Acrylat bei 50 °C die thermodynamische Beziehung $\Delta G_m < 0$, womit die Grundbedingung nicht erfüllt ist. Bei 23 °C gilt $\Delta G_m \geq 0$, womit die Grundbedingung erfüllt wird. Diese

Aussage konnte auf die anderen ausgewählten Morphologieadditive für das EPDM übertragen werden. Nur für das lineare C15-Acrylat konnte bei 50 °C die thermodynamische Beziehung $\Delta G_m \geq 0$ mit EPDM erfüllt werden.

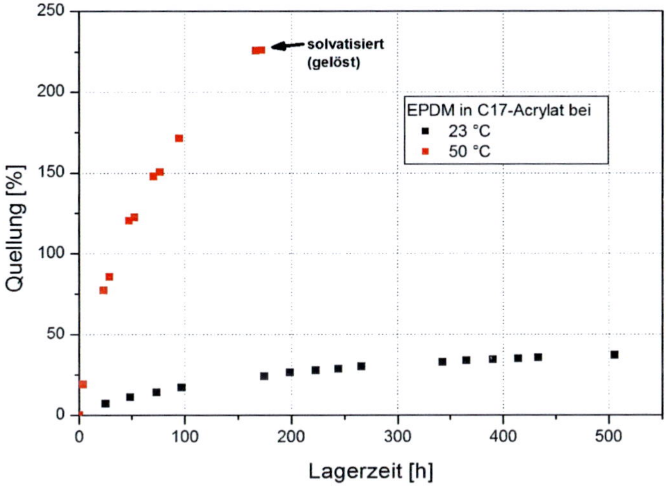

Abbildung 7 Quellungsverhalten von EPDM-Kautschuk in unpolarem C17-Acrylat bei 23 und 50 °C

Für das LD-PE und das Ethylen-1-Octen ist die Grundbedingung $\Delta G_m \geq 0$ für alle ausgewählten Morphologieadditive bei 50 °C gegeben. Die erhaltenen Quellungsmaxima können zum Ableiten der entsprechenden Abhängigkeiten und Einflüsse der verwendeten Komponenten herangezogen werden.

In Abbildung 8 sind die erhaltenen Quellungsmaxima der einzelnen Basispolymere in Abhängigkeit von den Repetiereinheiten der als Morphologieadditiv verwendeten Methacrylate und Acrylate dargestellt. Die Quellungsmaxima der Basispolymere in den Morphologieadditiven zeigen eine deutlich lineare Abhängigkeit zu der Anzahl der Repetiereinheiten und zur Art der Funktionalisierung der Morphologieadditive. Je höher die Anzahl der Repetiereinheiten ist, desto geringer sind die resultierenden Quellungsmaxima der Basispolymere. Diese Abhängigkeit ist deutlich stärker bei den mit Acrylaten als bei den mit Methacrylaten funktionalisierten Morphologieadditiven ausgeprägt. Von den Basispolymeren ist das EPDM am besten durch die

Morphologieadditive quellbar. Diese quellen das EPDM so gut, dass dieses fast durch alle ausgewählten Formulierungsadditive solvatisiert wird. Das LD-PE wird weniger stark durch die Morphologieadditive gequollen als das Ethylen-1-Octen.

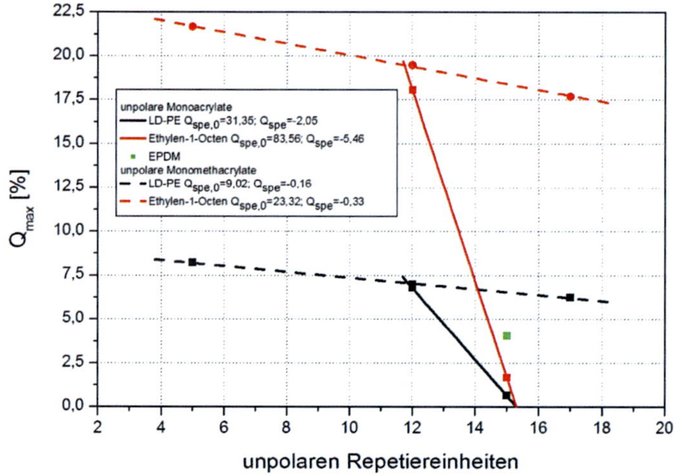

Abbildung 8 Abhängigkeit von Q_{max} von der Anzahl an C-Einheiten und der Art der reaktiven Gruppen

Das reine Quellungsvermögen der Methacrylate bzw. Acrylate für die Basispolymere kann aus den auf Null Repetiereinheiten intrapolierten Ordinatenabschnitt $Q_{spe,0}$ abgeleitet werden. Demnach führt die Acrylat-Funktion zu einer stärkeren Quellung der Basispolymere als die Methacrylat-Funktion. Da die Methylgruppe einen unpolaren Charakter aufweist und aus ähnlichen Komponenten wie die Basispolymere aufgebaut ist, kann die verminderte Quellungskraft des Methacrylates auf sterische Hinderung beim Diffundieren in das Basispolymer der Methylgruppe zurückgeführt werden.

$$Q_{Acrylat,0} > Q_{Methacrylat,0} \qquad \text{(Gl. 6.1)}$$

Der sterische Einfluss der Methylgruppe spiegelt sich auch in der Beeinflussung der Quellungsmaxima in Abhängigkeit von der Anzahl der Repetiereinheiten wider. Generell kann festgestellt werden, dass die Quellungsmaxima mit der Anzahl der Repetiereinheiten abnehmen.

$$Q_{max,\ n(u\text{-}Re)} > Q_{max,\ n(u\text{-}Re)\text{-}1} \qquad \text{(Gl. 6.2)}$$

Jedoch ist zu beachten, dass das Quellungsvermögen der Acrylat-Verbindungen über zehn mal stärker mit steigender Anzahl an Repetiereinheiten abnimmt, als das bei den Methacrylat-Verbindungen der Fall ist.

$$Q_{(u\text{-}Re)Acrylat} > Q_{(u\text{-}Re)Methacrylat} \qquad \text{(Gl. 6.3)}$$

Dadurch kommt es zu dem Effekt, dass ab einer gewissen Anzahl an Repetiereinheiten das Methacrylat in seinen Verbindungen ein höheres Quellungsvermögen aufweist als die entsprechenden homologen Acrylat-Verbindungen.

Eine deutliche und einheitliche Abstufung ist bei den Quellungsmaxima der Basispolymere zu erkennen. Vom EPDM über das Ethylen-1-Octen zum LD-PE nehmen die Quellungsmaxima in den homologen Formulierungsadditiven ab.

$$Q_{max;LD\text{-}PE} < Q_{max;Ethylen\text{-}1\text{-}Octen} < Q_{max;EPDM} \qquad \text{(Gl. 6.4)}$$

Aus chemischer Sicht sind die verwendeten Basispolymere sehr ähnlich. Über die Primärstruktur kann keine Abhängigkeit abgeleitet werden. Eine mit dem ermittelten Phänomen einhergehende Abhängigkeit ergibt sich aus der Sekundärstruktur der Polymere. Die Polymere differenzieren sich deutlich in ihrem kristallinen Anteil. Das LD-PE weist die höchste Kristallinität und die niedrigste Quellung auf. Das EPDM mit dem geringsten kristallinen Anteil weist die höchste Quellung auf. Somit steht das Quellungsmaximum in einem indirekten proportionalen Verhältnis zur Kristallinität des Basispolymers.

6.1.1.1 Quellung der Basispolymere durch die Morphologieadditive

Ein weiterer Einfluss, der an den Morphologieadditiven untersucht werden kann, ist der Einfluss der Struktur des aliphatischen Anteils. Der aliphatische Anteil des ausgewählten Acrylates C17 weist, nicht wie bei den anderen Acrylaten, eine lineare Struktur, sondern eine verzweigte Struktur auf. In Abbildung 9 sind die gefundenen Quellungsmaxima des verzweigten C17-Acrylates im Vergleich zu dem linearen C15-Acrylat für das LD-PE und das Ethylen-1-Octen dargestellt. Das C17-Acrylat weist im LD-PE wie auch im Ethylen-1-Octen höhere Quellungsmaxima auf, als das C15-Acrylat. Die jeweils erzielten Quellungsmaxima des Ethylen-1-Octens liegen über den des LD-PE's.

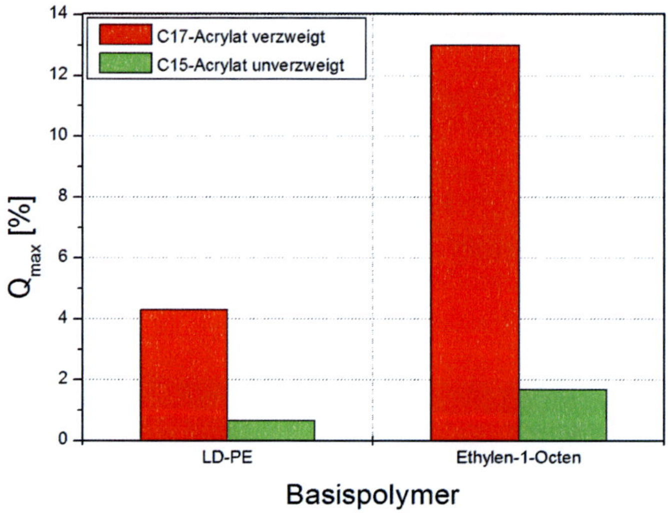

Abbildung 9 *Einfluss der Verzweigung in der Struktur der Morphologieadditive auf Q_{max} der Basispolymere*

Wie mit Gleichung 6.2 gezeigt wurde, nehmen die Quellungsmaxima mit zunehmenden Repetiereinheiten ab. Wenn die Struktur des aliphatischen Anteils keinen Einfluss auf die Quellungsmaxima ausübt, müsste das unverzweigte C15-Acrylat eine höhere Quellung der Basispolymere bewirken, als das verzweigte C17-Acrylat. In den Untersuchungen konnte jedoch der entgegengesetzte Effekt beobachtet werden. Eine Verzweigung im aliphatischen Anteil bewirkt eine bessere Quellung des Basispolymers.

$$Q_{max;linear} < Q_{max;verzweigt} \qquad \text{(Gl. 6.5)}$$

Erklären lässt sich der Effekt mit dem geringeren Raumbedarf der verzweigten Strukturen. Verzweigte Kohlenstoffbindungen sind kürzer und ordnen sich räumlich kompakter an, als lineare Kohlenstoffbindungen. Durch das verringerte hydrodynamische Volumen der verzweigten Verbindungen ist die Diffusion, nach der Stokes-Einstein-Beziehung, in die Basispolymere vereinfacht.

6.1.1.2 Quellung der Basispolymere durch die Dispergieradditive

Für die thermodynamische Beziehung zwischen Basispolymer und Dispergieradditiv muss gelten, dass bei der Gebrauchstemperatur die Gibbsche Mischungsenthalpie $\Delta G_m > 0$ ist. Das heißt, dass sich die Basispolymere bei dieser Temperatur nicht in den Morphologiepolymeren lösen und nur geringste Quellungstendenzen aufzeigen.

Bei den ausgewählten Dispergieradditiven ergibt sich ein weiterer Einfluss. Bei den Dispergieradditiven stehen nicht nur monofunktionelle Methacrylate bzw. Acrylate, sondern auch difunktionelle Verbindungen zur Verfügung. In Abbildung 10 sind Quellungsmaxima von nahezu homologen Verbindungen von mono- bzw. difunktionellen Dispergieradditiven gegenübergestellt. Die aus den Untersuchungen erhaltenen Quellungsmaxima sind sehr niedrig. Das LD-PE weist bei allen Verbindungen die geringste Quellung auf. Das EPDM hat von den Basispolymeren die höchst Quellung. Das Ethylen-1-Octen ordnet sich zwischen diese beiden Polymeren ein. Die monofunktionellen Verbindungen bewirken geringere Quellungsmaxima als ihre difunktionellen Homologen. Methacrylat-Verbindungen weisen etwas geringere Quellungsmaxima auf, als die entsprechenden Acrylat-Verbindungen.

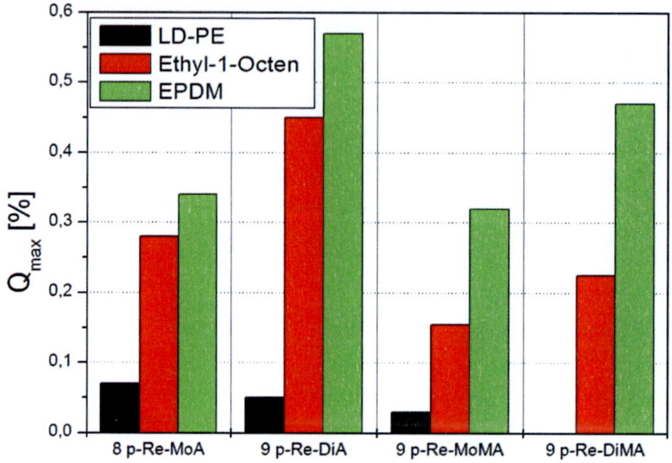

Abbildung 10 Unterschied der Meth- bzw. Acrylat-Funktionalität bei nahezu gleicher Anzahl der polaren Repetiereinheiten auf die Quellungsmaxima

Die Quellungsmaxima der Basispolymere in den Dispergieradditiven folgen der gleichen indirekt-proportionalen Abhängigkeit zum kristallinen Anteil der Basispolymere wie sie bei den Morphologieadditiven beobachtet wurde. Je höher der kristalline Anteil ist, desto geringer ist das zu erwartende Quellungsmaximum. In den Dispergieradditiven stellen die Methacrylat- bzw. Acrylat-Funktionen den geringer polaren Anteil gegenüber den Repetiereinheiten dar. Deutlich zu erkennen ist dieser Einfluss an den geringeren Quellungsmaxima der monofunktionellen Dispergieradditive.

$$Q_{max;monofunktionell} < Q_{max;difunktionell} \qquad \text{(Gl. 6.6)}$$

Der Unterschied bei den gefundenen Quellungsmaxima zwischen Methacrylaten und Acrylaten ist gering. Aus den vorangegangenen Untersuchungen ist bekannt, dass sich das Quellungsverhalten in Abhängigkeit der Anzahl der Repetiereinheiten für die Methacrylat- und Acrylat-Verbindungen stark unterscheiden kann.

Um den Einfluss der Methacrylat- bzw. Acrylat-Funktion aufzuklären, wurden in Abbildung 11 entsprechende difunktionelle Verbindungen mit unterschiedlicher Anzahl an polaren Repetiereinheiten kombiniert. Die Quellungsmaxima nehmen mit zunehmender Anzahl an polaren Repetiereinheiten deutlich ab. Bei sehr geringer Anzahl an polaren Repetiereinheiten nehmen die Quellungsmaxima in exponentieller Weise zu. Der Unterschied in den Quellungsmaxima der Methacrylat- und Acrylat-Verbindungen ist nicht signifikant.

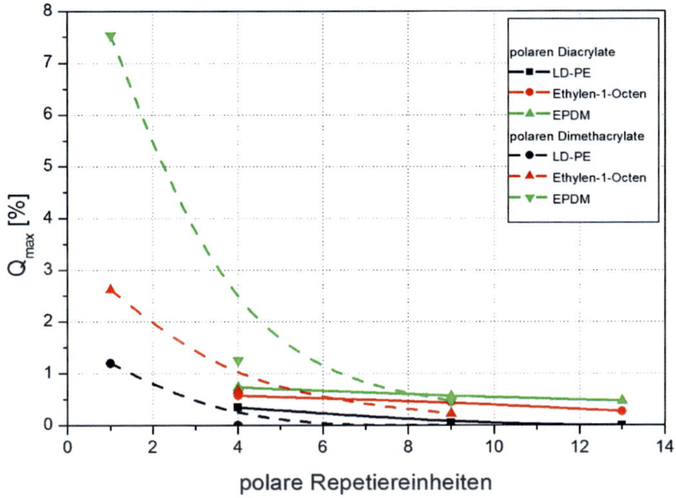

Abbildung 11 Einfluss der Anzahl an polaren Repetiereinheiten in difunktionalisierten Methacrylaten bzw. Acrylaten auf die Quellungsmaxima der Basispolymere

Das starke Ansteigen der Quellungsmaxima bei geringer werdender Anzahl an polaren Repetiereinheiten zeigt, dass die polaren Gruppen der Dispergieradditive einen viel stärkeren Einfluss auf die chemisch-physikalischen Eigenschaften der Moleküle ausüben als die Methacrylat- bzw. Acrylat-Funktionen. Dadurch erklärt sich auch der geringe Unterschied der Quellungsmaxima der homologen Methacrylate und Acrylate. Die Quellungseigenschaften für die Basispolymere werden in erster Linie von den polaren Gruppen geprägt und erst in zweiter Linie durch die Art der Funktionalisierung. Somit wird das zu erwartende Quellungsmaximum durch die Anzahl der polaren Repetiereinheiten vorgegeben. Je höher die Anzahl der polaren Repetiereinheiten im Molekül ist, desto geringer ist die Quellung des Basispolymers einzuschätzen.

$$Q_{max,\ n(p\text{-}Re)} < Q_{max,\ n(p\text{-}Re)-1} \qquad \text{(Gl. 6.7)}$$

Signifikant beeinflusst werden kann die Gleichung 6.7 nur durch die Zahl der funktionellen Gruppen, nicht aber durch die Art der Funktionalisierung.

6.1.1.3 Zusammenfassung

Die für die Basispolymere und Morphologie- bzw. Dispergieradditive geltenden Grundvoraussetzungen konnten mit den ausgewählten Komponenten erfüllt werden. Die Einflüsse und Abhängigkeiten der Komponenten untereinander konnten in vereinfachte Zusammenhänge gebracht werden.

Aus den Untersuchungen der Quellungseigenschaften der Basispolymere in den Morphologieadditiven geht hervor, dass die Grundbedingung der thermodynamischen Beziehung $\Delta G_m \geq 0$ mit bei 23 °C für alle untersuchten Komponenten gilt. Zudem konnten grundlegende Struktur-Eigenschafts-Beziehungen und deren Abhängigkeiten aufgeklärt werden.

Aus den Untersuchungen des Einflusses der Dispergieradditive auf die Basispolymere kann geschlussfolgert werden, dass die thermodynamische Grundbeziehung für die ausgewählten Komponenten von $\Delta G_m > 0$ ebenfalls erfüllt ist.

6.1.2 Quellungseigenschaften Morphologiepolymere

6.1.2.1 Quellung der Morphologiepolymere durch die Morphologieadditive

Für die thermodynamische Beziehung zwischen Morphologiepolymer und Morphologieadditiv muss gelten, dass die Gibbsche Mischungsenthalpie $\Delta G_m < 0$ ist. Das heißt, dass die Morphologiepolymere vollständig von dem Morphologieadditiv solvatisiert werden. Um eine entsprechende Dynamik des Quellungsvorganges zu ermitteln, wurde die Versuchstemperatur von 50 °C auf 23 °C reduziert.

Durch diese Reduzierung der Temperatur konnten für eine Reihe von Morphologiepolymeren und der Acrylat-Typen der Morphologieadditive die Quellungsvorgänge erfasst werden. Bei den analogen Versuchen für die Methacrylat-Typen konnten keine Quellungsverläufe ermittelt werden. Die Morphologiepolymere wurden innerhalb kürzester Zeit von den auf Methacrylaten basierten Morphologieadditiven gelöst.
In Abbildung 12 sind die ermittelbaren Quellungsverläufe der ausgewählten Morphologiepolymere mit den auf Acrylaten basierten Morphologieadditiven dargestellt. Das höchste Quellungsvermögen bei gleicher Zeit weist das unverzweigte C12-Acrylat auf. Bis auf das mit MSA gepfropfte SEBS (SEBS-g-MSA) werden die Morphologiepolymere vom C12-Acrylat vollständig solvatisiert. Das SEBS-g-MSA wird nach 48 Stunden Lagerzeit vollständig aufgelöst. Das geringste Quellungsvermögen zeigt das unverzweigte C15-Acrylat. Über den gesamten Untersuchungszeitraum konnten die entsprechenden Quellungsverläufe der Morphologiepolymere ermittelt werden. Am stärksten wird das SEBS-g-MSA gequollen. Gefolgt wird dieses von den ähnlich stark quellenden SEBS Typen, die mit Acrylsäure (SEBS-g-AS) bzw. mit Hydroxyethylacrylat (SEBS-g-HEA) modifiziert wurden. Zwischen diese beiden Quellungsniveaus der unverzweigten Acrylat-Typen ordnet sich das Quellungsniveau des verzweigten C17-Acrylats ein. Bis auf das SEBS-g-MSA werden die Morphologiepolymere nach 24 Stunden bereits von dem C17-Acrylat teilsolvatisiert. Eine Solvatisierung des SEBS-g-MSA tritt erst nach 150 Stunden ein.

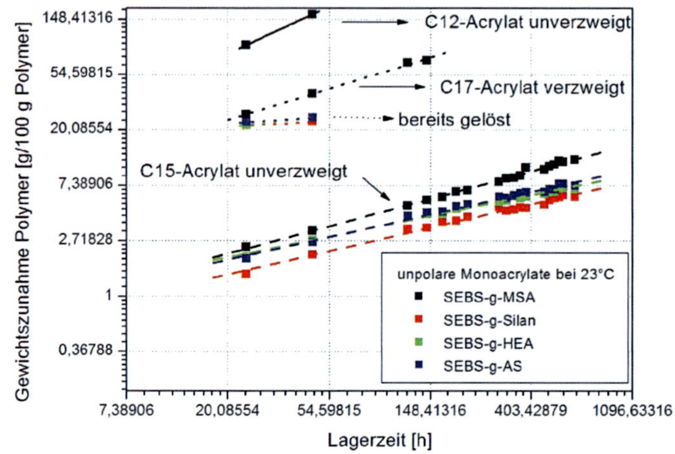

Abbildung 12 Quellungsverlauf der Morphologiepolymere mit den auf Acrylaten basierten Morphologieadditiven

Aus dem Vergleich der erzielten Quellung der Morphologiepolymere durch die unverzweigten Acrylaten kann abgeleitet werden, dass das Quellungsvermögen, und somit die Quellungsgeschwindigkeit k, der Morphologieadditive mit zunehmender Anzahl an unpolaren Repetiereinheiten abnimmt.

$$k_{n(u\text{-}Re)} < k_{n(u\text{-}Re)\text{-}1} \qquad \text{(Gl. 6.8)}$$

Mit zunehmender Zahl an unpolaren Repetiereinheiten nimmt das hydrodynamische Volumen zu und das chemische Potential ab. Diese beiden Einflüsse überwiegen mit zunehmender Zahl an unpolaren Repetiereinheiten den unpolaren Charakter der Morphologieadditive. Der zunehmende unpolare Charakter der Additive mit höherem Anteil an unpolaren Repetiereinheiten würde sonst eine verbesserte Verträglichkeit mit den Morphologiepolymeren bewirken. Die Folge wäre eine stärkere Quellung.
Der starke Einfluss des hydrodynamischen Volumen der Morphologieadditive lässt sich auch in dem Quellungsvermögen des verzweigten C17-Acrylates nachweisen. Nach Gleichung 6.8 wäre zu erwarten, dass das C17-Acrylat ein geringeres Quellungsvermögen als C15-Acrylat aufweist. Durch die verzweigte Struktur des C17-

Acrylates besitzt dieses jedoch ein geringeres hydrodynamisches Volumen als das unverzweigte C15-Acrylat, wodurch es besser in die Morphologiepolymere diffundieren kann und diese somit besser quellen. Somit kann geschlussfolgert werden, dass für die Quellungsgeschwindigkeit k folgende Beziehung gilt:

$$k_{\mathbf{unverzweigt}} < k_{\mathbf{verzweigt}} \qquad \text{(Gl. 6.9)}$$

Für das unverzweigte C15-Acrylat konnten die Quellungsverläufe für alle Morphologiepolymere ermittelt werden. Aus den sich ergebenden Unterschieden in den Verläufen aus Abbildung 12 kann über die Quellbarkeit der Morphologiepolymere durch die Morphologieadditive folgende Abstufung abgeleitet werden:

$$k_{\mathbf{SEBS\text{-}g\text{-}Silan}} < k_{\mathbf{SEBS\text{-}g\text{-}AS}} \leq k_{\mathbf{SEBS\text{-}g\text{-}HEA}} < k_{\mathbf{SEBS\text{-}g\text{-}MSA}} \qquad \text{(Gl. 6.10)}$$

Das mit Silan gepfropfte SEBS weist durch das methoxylierte Silizium die höchste partielle Polarität auf. Da das SEBS-g-Silan die niedrigste Quellbarkeit aufweist, kann darauf geschlossen werden, dass dies für die Morphologieadditive zu polar ist. Aus chemischer Sicht ähneln die Pfropfmonomere des Hydroxyethylacrylat und Acrylsäure modifizierten SEBS's den Morphologieadditiven mehr. Dies ist deutlich in der besseren Quellbarkeit zu erkennen. Die Quellbarkeit der beiden Morphologiepolymere ist nahezu identisch. Da das mit HEA modifizierte SEBS einen geringeren Pfropfgrad als das mit AS modifizierte SEBS aufweist, ist dessen Quellbarkeit durch die Morphologieadditive höher einzuschätzen. Aufgrund der höheren Strukturähnlichkeit des Hydroxyethylacrylates mit den Morphologieadditiven war dies auch zu erwarten. Das mit Maleinsäureanhydrid modifizierte SEBS wird am besten von Morphologieadditiven gequollen. Die Kombination aus geringem hydrodynamischen Volumen, höherer Polarität und relativer Strukturähnlichkeit der Anhydridgruppe mit den Estern der Morphologieadditiven bewirkt somit die größten Effekte.

Die C12-Verbindungen des Methacrylates und Acrylats stellen homologe Verbindungen dar. Ein Unterschied zwischen den beiden besteht nur in der Art der reaktiven Gruppe. Da nur für das C12-Acrylat entsprechende Quellungsverläufe ermittelt werden konnten (Abbildung 12), kann daraus geschlossen werden, dass die Acrylat basierten Morphologieadditive schlechtere Löser sind als die Methacrylat basierten.

$$k_{u\text{-}Methacrylat} > k_{u\text{-}Acrylate} \qquad \text{(Gl. 6.11)}$$

Die zusätzliche Methylgruppe im Methacrylat bewirkt somit eine höhere Verträglichkeit der Additive mit den Morphologiepolymeren. Zum Einen reduziert die Methylgruppe des Methacrylates den polaren Anteil, der durch die Sauerstoffverbindungen eingebracht wird und führt somit zu einer Angleichung der chemischen Potenziale an die überwiegend unpolaren Morphologiepolymere. Zum Anderen bewirkt die Methylgruppe eine strukturelle Ähnlichkeit mit den Propylverzweigungen aus dem hydrierten Butadienanteil in den Morphologiepolymeren.

6.1.2.2 Quellung der Morphologiepolymere durch die Dispergieradditive

Die für den Partikelbildungsprozess wichtigste thermodynamische Beziehung besteht in der Wechselwirkung von Morphologiepolymer und Dispergieradditiven. Bei der Verarbeitungstemperatur sollen die beiden Komponenten aus thermodynamischer Sicht gut miteinander verträglich sein. Bei der Gebrauchstemperatur müssen die beiden Komponenten aus thermodynamischer Sicht zwingend teilverträglich sein. Die Beeinflussung der thermodynamischen Beziehungen durch die Anzahl und Art der reaktiven Gruppen, sowie der Anzahl der polaren Repetiereinheiten im Zusammenhang mit den Morphologiepolymeren, soll in diesem Abschnitt aufgeklärt werden.

In Abbildung 13 ist die Abhängigkeit der Quellungsgeschwindigkeit von der Anzahl der polaren Repetiereinheiten der Dispergieradditivtypen dargestellt. Die polaren Dimethacrylate weisen im Vergleich zu den ebenfalls polaren Diacrylaten höhere Quellungsgeschwindigkeiten auf. Die Abhängigkeiten der Quellungsgeschwindigkeit von der Anzahl der polaren Repetiereinheiten (spezifische Quellungsgeschwindigkeit k_{spe}) für polaren Dimethacrylate und Diacrylate ähneln sich. Von den Dimethacrylaten wird das SEBS-g-MSA am schnellsten gequollen. Etwas langsamer wird es vom SEBS-g-Silan gefolgt vom SEBS-g-HEA und anschließend dem SEBS-g-AS gequollen. Von den Diacrylaten wird das SEBS-g-Silan am schnellsten gelöst. Gefolgt wir dieses vom SEBS-g-AS. Am langsamsten durch die Diacrylate gequollen, werden das SEBS-g-HEA und das SEBS-g-MSA.

Die Monomethacrylate weisen eine deutlich höhere Abhängigkeit der Quellungsgeschwindigkeit von der Anzahl der polaren Repetiereinheiten auf als Dimethacrylate bzw. Diacrylate. Von den Monomethacrylaten werden das SEBS-g-MSA gefolgt von dem SEBS-g-AS am schnellsten gequollen. Nahezu gleich schnell von den Monomethacrylaten gequollen werden das SEBS-g-HEA und das SEBS-g-Silan.

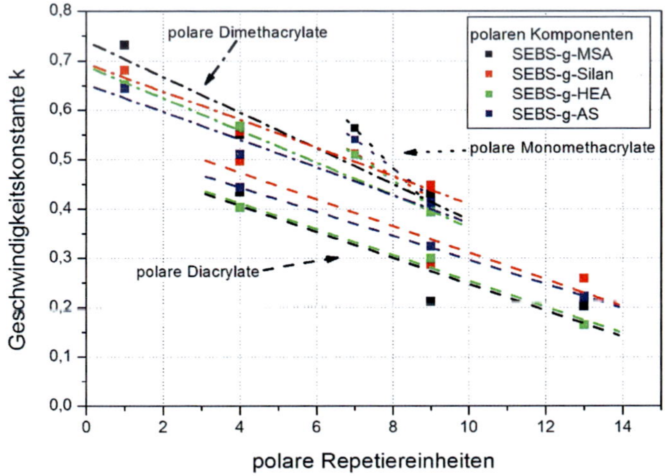

Abbildung 13 Abhängigkeit der Quellungsgeschwindigkeit von der Anzahl der polaren Repetiereinheiten Dispergieradditivtypen für die verschiedenen Morphologiepolymere

6.1.2.2 Quellung der Morphologiepolymere durch die Dispergieradditive

Unabhängig vom Dispergieradditivtyp und Morphologiepolymer gilt, dass die Quellungsgeschwindigkeit mit der Anzahl der polaren Repetiereinheiten abnimmt.

$$k_{n(p\text{-}Re)} < k_{n(p\text{-}Re)\text{-}1} \qquad \text{(Gl. 6.12)}$$

Die polaren Repetiereinheiten sind aus thermodynamischer Sicht nur wenig mit den Morphologiepolymeren verträglich. Dadurch kommt es mit höherer Anzahl an polaren Repetiereinheiten zu immer geringeren Quellungseffekten.

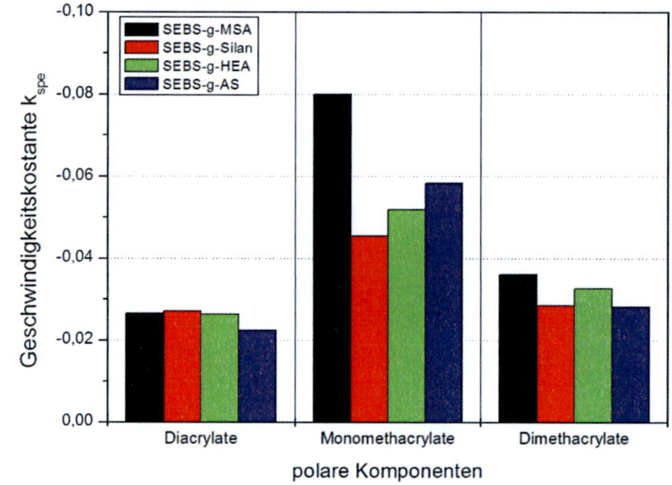

Abbildung 14 Spezifische Quellungsgeschwindigkeiten der Dispergieradditivtype für die unterschiedlichen Morphologiepolymere

Die Ähnlichkeit der spezifischen Quellungsgeschwindigkeit k_{spe} der Diacrylate und Dimethacrylate (Abbildung 14) zeigt, dass die Art der reaktiven Gruppen keinen Einfluss auf die Abhängigkeit der Quellungsgeschwindigkeit von der Anzahl der polaren Repetiereinheiten hat. Der polare Einfluss der sauerstoffhaltigen Repetiereinheiten überwiegt dem strukturellen Unterschied zwischen Acrylat und Methacrylat.

6.1.2.2 Quellung der Morphologiepolymere durch die Dispergieradditive

Der strukturelle Unterschied der Methacrylat- und Acrylat-Verbindung wird durch die auf Null Repetiereinheiten intrapolierten spezifischen Quellungsgeschwindigkeiten $k_{spe;0}$ (Abbildung 15) sichtbar. Da das Methacrylat durch die zusätzliche Methylgruppe strukturell den Morphologiepolymeren ähnlicher ist als das Acrylat, weist dieses eine höhere intrapolierte spezifische Quellungsgeschwindigkeit auf. So quellen die polaren Methacrylat-Verbindungen die Morphologiepolymere schneller als die Acrylat-Verbindungen.

$$k_{p\text{-}Methacrylat} > k_{p\text{-}Acrylate} \qquad \text{(Gl. 6.13)}$$

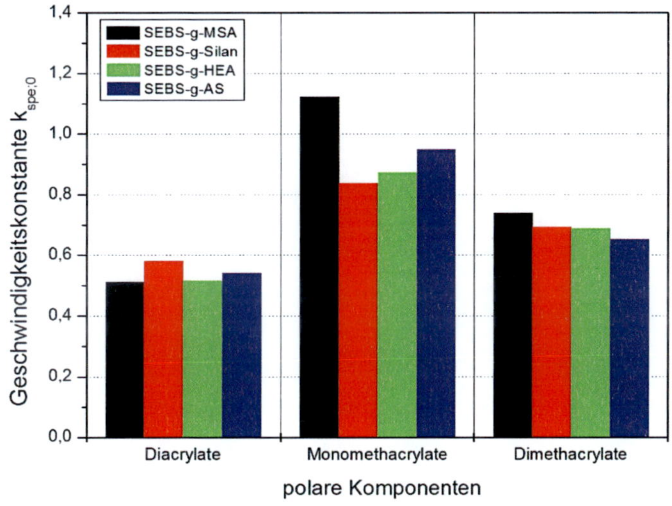

Abbildung 15 Auf Null intrapolierte spezifische Quellungsgeschwindigkeiten der Dispergieradditivtypen für die Morphologiepolymere

Einen weiteren Einfluss, der aus der spezifischen Quellungsgeschwindigkeit (Abbildung 14) abgeleitet werden kann, stellt die Abhängigkeit der Anzahl der reaktiven Gruppen dar. Die Art der reaktiven Gruppe hat, wie schon gezeigt, keinen signifikanten Einfluss auf die spezifische Quellungsgeschwindigkeit. Einen deutlichen Einfluss dagegen übt die Anzahl der reaktiven Gruppen im Dispergieradditiv aus. Beim Vergleich der Methacrylat-Typen ist ersichtlich, dass die

Quellungsgeschwindigkeiten der Monomethacrylate eine deutlich höhere Abhängigkeit von der Anzahl der polaren Repetiereinheiten aufweisen als die Dimethacrylate.

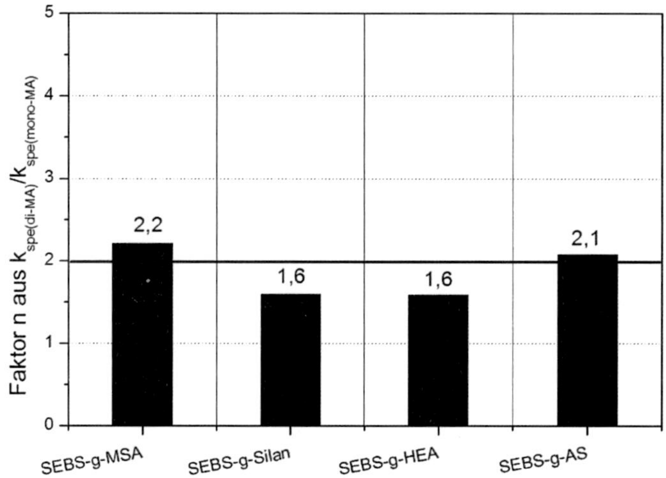

Abbildung 16 Quotient aus den spezifischen Quellungsgeschwindigkeiten der Dimethacrylat- und Monomethacrylatkomponenten

Der Quotient aus der spezifischen Quellungsgeschwindigkeit des Dimethacrylates und des Monomethacrylates sollte im Idealfall mit Zwei der Anzahl der funktionellen Gruppen im Dimethacrylat entsprechen (Abbildung 16).

$$k_{spe(Mono-MA)} = 2 \times k_{spe(Di-MA)} \qquad \text{(Gl. 6.14)}$$

Die Abweichung vom Idealwert Zwei wird bedingt durch den nicht erfassten Einfluss der nicht reaktiven Endgruppe der Monomethacrylate. Bei den Morphologiepolymeren SEBS-g-Silan und SEBS-g-HEA kommt es zwischen den Endgruppen in den Monomethacrylaten und den aufgepfropften polaren Molekülen des SEBS zu anziehenden Wechselwirkungen. In Folge dessen liegt der Quotient unter dem Idealwert von Zwei. Bei den Morphologiepolymeren SEBS-g-MSA und SEBS-g-AS kommt es zu abstoßenden Wechselwirkungen. Da die abstoßenden Kräfte kleiner sind bzw. geringere Reichweiten aufweisen als die anziehenden Kräfte, liegen die Quotienten nur leicht über dem Idealwert. Mit den ermittelten realen Faktoren f_{real} kann in Gleichung 6.14 der Idealwert von Zwei substituiert werden.

$$k_{spe(Mono\text{-}MA)} = f_{real} \times k_{spe(Di\text{-}MA)} \qquad \text{(Gl. 6.15)}$$

Diese Beziehung kann von den Methacrylaten auf die Acrylate übertragen werden.

$$k_{spe(Mono\text{-}A)} = f_{real} \times k_{spe(Di\text{-}A)} \qquad \text{(Gl. 6.16)}$$

Bei den Acrylaten stand nur ein Monoacrylat mit 8 polaren Repetiereinheiten zu Verfügung. Mit den aus Abbildung 16 ermittelten Faktoren für die Morphologiepolymere können aus den spezifischen Quellungsgeschwindigkeiten der Diacrylate die spezifischen Quellungsgeschwindigkeiten der Monoacrylate nach Gleichung 4.13 ersetzt werden.

$$k_{p\text{-}Re} = k_{spe(Mono\text{-}A);0} + \left(f_{real} \times k_{spe(Di\text{-}A)}\right) n_{p\text{-}Re} \qquad \text{(Gl. 6.17)}$$

Die Anzahl der polaren Repetiereinheiten $n_{p\text{-}Re}$, sowie die Quellungsgeschwindigkeit $k_{p\text{-}Re}$ des zur Verfügung stehenden Monoacrylates sind bekannt, so dass nach Umstellen der Gleichung 6.17 die noch fehlende, auf Null intrapolierte spezifische Quellungsgeschwindigkeit $k_{spe(Mono\text{-}A);0}$ der Monoacrylate bestimmt werden kann.

$$k_{spe,0(Mono\text{-}A)} = k_{p\text{-}Re} - 2 \times k_{spe(Di\text{-}A)} \times n_{p\text{-}Re} \qquad \text{(Gl. 6.18)}$$

Mit Hilfe von Gleichung 6.16 und 6.18 ist es möglich, einen näherungsweisen Verlauf für die Monoacrylate zu erhalten.

In Abbildung 17 ist die Abhängigkeit der Quellungsgeschwindigkeiten von der Anzahl der polaren Repetiereinheiten mit den abgeleiteten Verläufen für die Monoacrylate dargestellt. Die berechneten Abhängigkeiten sind in ihren Verläufen plausibel.

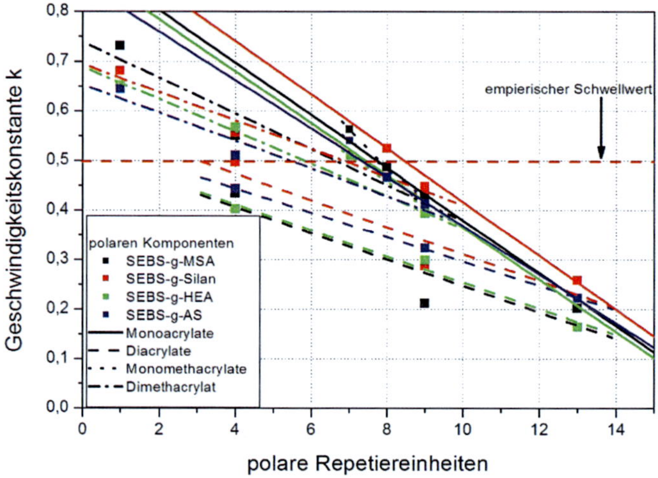

Abbildung 17 Abhängigkeit der Geschwindigkeitskonstante von den polaren Repetiereinheiten im Zusammenhang mit dem empirischen Schwellwert

Mit Hilfe von Versuchen mit den ausgewählten Dispergieradditiven, kann ein empirischer Schwellwert eingeführt werden. Die Dispergieradditive, die über dem empirischen Schwellwert liegen, ermöglichten es, feinteilige polyolefinische Dispersionen mit den entsprechenden Komponenten herzustellen. Die Dispergieradditive, die sich unterhalb dieses Schwellwertes befinden, waren nicht in der Lage, eine feinteilige Dispersion zu erzeugen. Diese Dispergieradditive waren zu polar und erfüllten die Bedingung von $\Delta G_m < 0$ bei den Verarbeitungstemperaturen nicht. Nach der Sättigung des Morphologiepolymers mit diesen Additiven kam es zum Aufschwimmen der Additive. Sie wurden nicht weiter in die Morphologiepolymere aufgenommen. Die Dispergierung konnte nicht erfolgen.

Mit dem empirischen Wert der kritischen Quellungsgeschwindigkeit bei 50 °C kann die Gleichung 4.13 durch die Grenzfallbedingung erweitert werden, so dass sich folgende Formel ergibt:

$$k_{krit} = k_{spe(DA);0} + k_{spe(DA)}\, n_{p\text{-}Re;krit} \qquad \text{(Gl. 6.19)}$$

Die Gleichung 6.19 kann auf die kritische Anzahl an polaren Repetiereinheiten umgestellt werden.

$$n_{p\text{-}Re;krit} = \frac{k_{krit} - k_{spe(DA);0}}{k_{spe(DA)}} \qquad \text{(Gl. 6.20)}$$

Die kritische Quellungsgeschwindigkeit konnte durch eine Vielzahl von Versuchen ermittelt werden. Dieser empirisch gewonnene Schwellwert ist in Abbildung 17 graphisch eingefügt. Die spezifischen Quellungsgeschwindigkeiten der Dispergieradditive für die Morphologiepolymere sind aus den Quellungsversuchen bekannt. Mit Gleichung 6.20 kann die maximale Anzahl der polaren Repetiereinheiten berechnet werden, die ein Dispergieradditiv aufweisen darf, um die Grundbedingung der Gibbschen Mischungs-enthalpie $\Delta G_m \leq 0$ noch erfüllen zu können.

		SEBS-g-MSA	SEBS-g-Silan	SEBS-g-HEA	SEBS-g-AS
Kriterium	k_{krit}	0,5	0,5	0,5	0,5
Monoacrylat	$k_{spe;0}$	0,912	0,957	0,886	0,858
	k_{spe}	-0,053	-0,054	-0,053	-0,049
	$n_{p\text{-}Re;krit}$	**7**	**8**	**7**	**7**
Diacrylat	$k_{spe;0}$	0,513	0,581	0,517	0,541
	k_{spe}	-0,027	-0,027	-0,026	-0,022
	$n_{p\text{-}Re;krit}$	**0**	**3**	**0**	**1**
Monomethacrylat	$k_{spe;0}$	1,123	0,831	0,873	0,949
	k_{spe}	-0,080	-0,046	-0,052	-0,058
	$n_{p\text{-}Re;krit}$	**7**	**7**	**7**	**7**
Dimethacrylat	$k_{spe;0}$	0,740	0,694	0,689	0,653
	k_{spe}	-0,036	-0,028	-0,033	-0,028
	$n_{p\text{-}Re;krit}$	**6**	**6**	**5**	**5**

Tabelle 10 Übersicht über kritische Anzahl der polaren Repetiereinheiten im Dispergieradditiv

6.1.2.2 Quellung der Morphologiepolymere durch die Dispergieradditive

Aus der Übersicht gehen noch einmal deutlich die Einflüsse der unterschiedlichen Funktionalitäten hervor, so dass folgende vereinfachte Aussage bezüglich der Eignung als Dispergieradditiv getroffen werden kann:

$$k_{Diacrylate} << k_{Dimethacrylate} < k_{Monomethacrylate} \leq k_{Monoacrylate} \qquad \text{(Gl. 6.21)}$$

Bezüglich der Eignung der Morphologiepolymere kann aus den Ergebnissen folgender vereinfachter Zusammenhang hergestellt werden:

$$k_{SEBS\text{-}g\text{-}HEA} < k_{SEBS\text{-}g\text{-}AS} < k_{SEBS\text{-}g\text{-}MSA} < k_{SEBS\text{-}g\text{-}Silan} \qquad \text{(Gl. 6.22)}$$

6.1.2.3 Zusammenfassung

Aus allen Quellungsuntersuchungen konnte abgeleitet werden, dass mit abnehmender Anzahl an Repetiereinheiten das Quellungsvermögen zunimmt. Einher geht dieser Zusammenhang mit der Beobachtung, dass kleinere hydrodynamische Volumina bei gleicher Anzahl an Repetiereinheiten, wie es bei Verzweigungen der Fall ist, eine schnellere Quellung der Polymere bewirken.
Die Aussage, dass die Methacrylat-Verbindungen bessere Quellungsmittel sind als die Acrylat-Verbindungen, konnte ebenfalls allgemeingültig bestätigt werden. Ein Einfluss der Art der reaktiven Gruppe auf die spezifische Quellungsgeschwindigkeit konnte nur beim Quellen der Basispolymere durch die Morphologieadditive gefunden werden. Bei den anderen Kombinationen der Polymere mit den Additiven überwiegt der Einfluss der Anzahl der Repetiereinheiten.
Weiterhin wurde festgestellt, dass die Quellung der Basispolymere wesentlich durch deren kristallinen Anteil bestimmt wird. Je höher der kristalline Anteil im Basispolymer ist, desto geringer ist die durch die Additive bewirkte Quellung.
Das Quellungsverhalten der Morphologiepolymere ist deutlich abhängig von der Art des gepfropften Moleküls und des Additives. Eine gute Quellbarkeit durch die Morphologieadditive kann durch gepfropfte polare Moleküle mit kleinem hydrodynamischen Volumen bewirkt werden. Bei der Quellung durch die

6.1.2.3 Zusammenfassung

Dispergieradditive kommt es in erster Linie auf eine hohe Polarität des gepfropften Moleküls an, dessen Wirkung durch ein großes hydrodynamisches Volumen zusätzlich positiv beeinflusst wird.

Bezüglich der thermodynamischen Beziehungen der Polymere und Additive konnten für die Kombinationen der Basispolymere mit den Additiven und der Morphologiepolymere mit den Morphologieadditiven die thermodynamische Grundbeziehungen erfüllt werden. Für die Beziehung der Morphologiepolymere mit den Dispergieradditiven konnte mit Hilfe einer halb empirischen Ableitung eine mathematische Möglichkeit zur Abschätzung der Eignung der Dispergieradditive gefunden werden.

6.2 Inhibierungsuntersuchungen

Bei der Herstellung der polyolefinischen Dispersionen werden in der ersten Verfahrensstufe die Komponenten bei Temperaturen von über 130 °C miteinander vermengt. Bei diesen Temperaturen können die verwendeten Methacrylat- bzw. Acrylat-Verbindungen autopolymerisieren. Auch durch scherungsbedingte Spaltung der Polymerketten der verwendeten Polymere kann eine ungewollte Autopolymerisation der Methacrylat- bzw. Acrylat-Verbindungen initiiert werden. In jedem Fall verhindert die Autopolymerisation die Verarbeitung der Komponenten zu feinteiligen polyolefinischen Dispersionen. Deshalb muss die Möglichkeit der Autopolymerisation während der Verarbeitung ausgeschlossen werden.
Da die Verarbeitungstemperaturen und die Scherung der Polymere eine zwingende Voraussetzung für die Darstellung der Dispersionen ist, kann durch Anpassen dieser Parameter der Autopolymerisation nicht begegnet werden. Die Autopolymerisation wird durch Radikale gestartet. Deshalb soll zur Unterdrückung der Autopolymerisation der Einsatz von Radikalfängern, den sogenannten Inhibitoren, untersucht werden.
Die Wirkung der Inhibitoren sollte hauptsächlich von der Art der reaktiven Gruppen, ob Methacrylat bzw. Acrylat, abhängig sein. Die Art der Repetiereinheiten sollte einen untergeordneten Einfluss auf die Inhibierung haben. Unabhängig von der Anzahl der Repetiereinheiten sollte für die nähere Reaktionssphäre nur der Unterschied von polarem bzw. unpolarem Charakter der Repetiereinheiten einen Einfluss auf die Inhibierung ausüben. Die Anzahl der reaktiven Gruppen pro Molekül stellt ebenfalls eine Einflussgröße für die Inhibitorwirkung dar. So lassen sich vier Strukturgruppen aus den Additiven ableiten, die zu untersuchen sind:

1. unpolare Monoacrylate
2. polare Monoacrylate
3. polare Monomethacrylate
4. polare Dimethacrylate

Den Gruppen wurde jeweils eine Modellsubstanz zugeordnet. Die Substanzen wurden für die Untersuchungen beibehalten.
Die für die Untersuchungen angewandten Methoden sind im Anhang beschrieben.

6.2.1 Untersuchungen zum Verhalten der Inhibitortypen

Für die Beurteilung der Inhibitorwirkung wurde das polare Dimethacrylat ausgewählt. In Abbildung 18 sind die Inhibitorverbräuche bei 150 °C in einer EPDM-Mischung dargestellt. Der Verbrauch der aktiven Inhibitoren ist signifikant höher als der Verbrauch der passiven. Von den aktiven Inhibitoren wird das TEMPO etwas schneller verbraucht als das HO-TEMPO. Bei den passiven Inhibitoren wird das MeHQ deutlich schneller verbraucht als das Ionol.

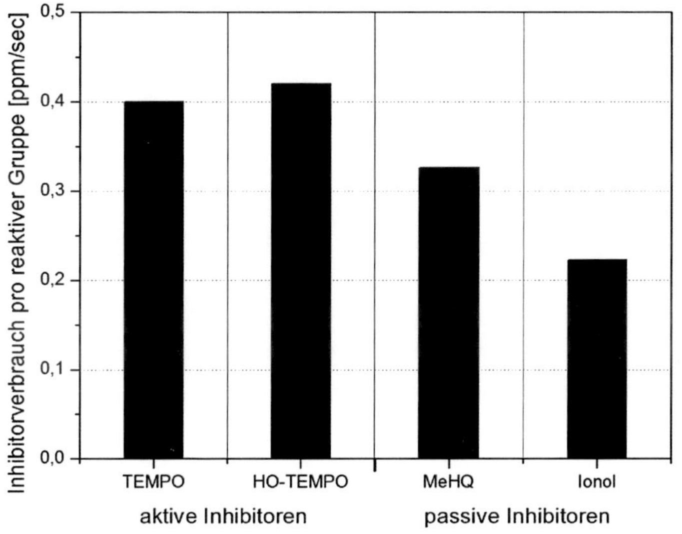

Abbildung 18 Vergleich des Inhibitorverbrauchs r_i mit polarem Dimethacrylat bei 150 °C in EPDM-Mischung

Die aktiven Inhibitoren scheinen bei der ersten Betrachtung geringere Wirkung zu zeigen, als die passiven Inhibitoren. Laut Gleichung 4.36 weisen jedoch die passiven Inhibitoren die Eigenschaft auf, mit einem Molekül zwei Radikale zu inhibieren. Die aktiven Inhibitoren sind nur in der Lage, ein Radikal zu inhibieren. Unter der Beachtung der doppelten Funktionalität sind die aktiven Inhibitoren deutlich wirksamer. Da die passiven Inhibitoren erst aktiviert werden müssen, sind sie deutlich träger, als die bereits aktiven Inhibitoren.

$$r_{i;\text{passive Inhibitoren}} > r_{i;\text{aktive Inhibitoren}} \qquad \text{(Gl. 6.23)}$$

Der Unterschied, der zwischen den aktiven Inhibitoren gefunden wurde, ist nicht signifikant. Eine durch die Hydroxylgruppe erhöhte Verträglichkeit mit den polaren Methacrylaten, die zu einer verbesserten Inhibierungswirkung führen sollte, konnte nicht festgestellt werden. Signifikant dagegen ist der Unterschied zwischen den passiven Inhibitoren. Das Ionol weist zwei tert-Butyl-Substituenten auf, die die entstandene Primärradikalstruktur mesomeriestabilisieren. Damit ist das Primärradikal des Ionol stabiler als das des weniger gut stabilisierten MeHQ. Mit der erhöhten Stabilität steigt die Selektivität des Ionol-Primärradikals für Autopolymerisation auslösende Radikale. Der Verbrauch der Ionol-Primärradikale durch Rekombination oder Aktivierung eines passiven Inhibitors wird vermindert. Das führt zu der besseren Inhibierungswirkung des Ionols im Vergleich zum MeHQ.

Wie bereits festgestellt wurde, stellt die Notwendigkeit der Aktivierung der passiven Inhibitoren einen Nachteil gegenüber den aktiven Inhibitoren dar. Es ist bekannt[37], dass die Kombination von aktiven und passiven Inhibitoren zu einer verbesserten Wirkung führen kann. Die aktiven Inhibitoren sollen dabei die Primärradikalbildung der passiven Inhibitoren unterstützen. In Abbildung 19 sind die Inhibitorverbräuche aus den Versuchen der Kombination von passiven mit aktiven Inhibitoren im äquimolaren Verhältnis graphisch dargestellt. Der Inhibitorverbrauch des mit TEMPO aktivierten MeHQ ist am niedrigsten. Der Inhibitorverbrauch ist vergleichbar mit dem des reinen MeHQ. Bei den anderen Inhibitorkombinationen sind die Verbräuche höher als die der reinen passiven Inhibitoren. Besonders hoch ist der Verbrauch für das mit HO-TEMPO aktivierte MeHQ. Dieses liegt etwas höher als der Verbrauch des reinen HO-TEMPO's. Der Verbrauch des mit TEMPO und HO-TEMPO aktivierten Ionols unterscheidet sich nur unwesentlich.

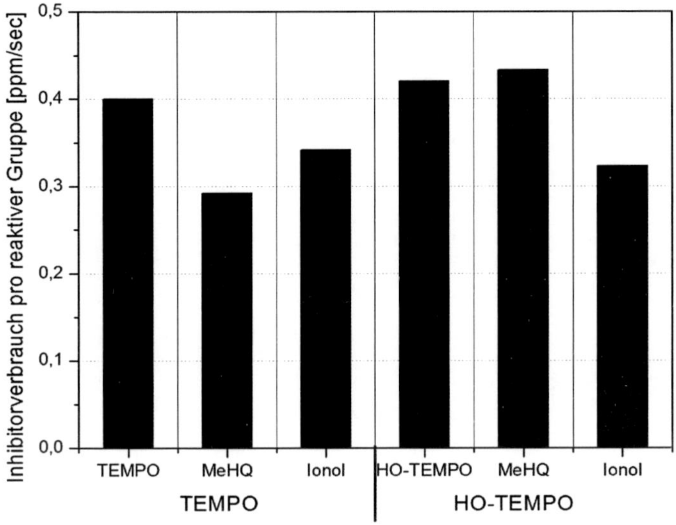

Abbildung 19 Inhibitorkombination in polarem Dimethacrylat bei 150 °C in EPDM-Mischung

Durch die Kombination von aktiven mit passiven Inhibitoren wird aus Sicht der passiven Inhibitoren keine signifikante Verbesserung deren Wirkung erzielt. Nur bei der Kombination von TEMPO mit MeHQ kann eine leichte Verbesserung gegenüber dem Einsatz des reinen MeHQ's erwirkt werden. Der generelle Grund für die geringen Effekte ist die Reduzierung der inhibierenden Funktionen. Bei der Aktivierung der passiven Inhibitoren geht ein Mol Radikal abfangende Funktion des aktiven Inhibitors und ein Mol Radikal abfangende Funktion des passiven Inhibitors verloren. Nur ein halbes Mol der radikalabfangenden Funktion bleibt erhalten. Eine äquimolare Menge des reinen passiven Inhibitors hat hingegen 2 Mol radikalabfangende Funktionen zur Verfügung. Aus dieser Betrachtung geht hervor, dass durch die Kombination von TEMPO mit MeHQ die Selektivität der Inhibitoren vervierfacht wird. Die eingesetzte Menge an Inhibitoren konnte dadurch jedoch nicht verringert werden.

6.2.2 Untersuchungen zum Einfluss der Additiveigenschaften

Für die Beurteilung der Inhibierung der Additive wurde aus der Gruppe der aktiven Inhibitoren das TEMPO und aus den passiven Inhibitoren das MeHQ für die weiteren Untersuchungen ausgewählt.

In Abbildung 20 ist die Inhibierungszeit in Abhängigkeit des Inhibitorverbrauchs mit dem aktiven Inhibitor TEMPO dargestellt. Beim unpolaren Monoacrylat ist der Stabilisierungseffekt durch den Inhibitor am größten. Es weist den langsamsten Inhibitorverbrauch r_i auf. Das polare Monoacrylat verbraucht pro Zeiteinheit deutlich mehr Inhibitor. Für das polare Dimethacrylat wird pro Zeiteinheit weniger Inhibitor verbraucht als für das polare Monoacrylat. Ab einer bestimmten Konzentration an Inhibitor geht die Inhibierungswirkung für das polare Dimethacrylat verloren. Für das polare Monomethacrylat konnte keine Inhibierungswirkung durch den aktiven Inhibitor festgestellt werden.

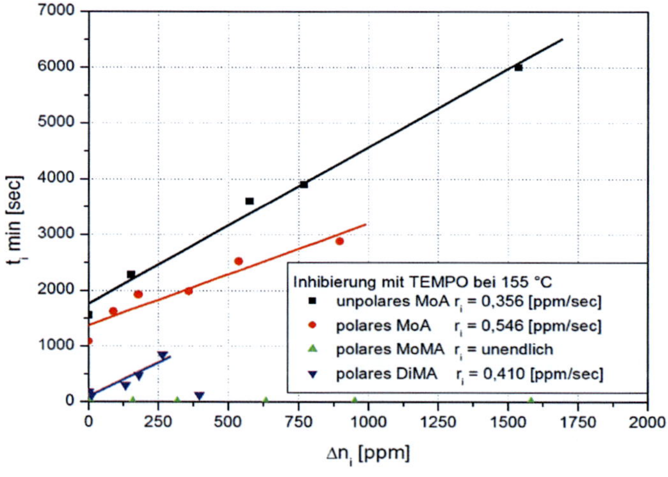

Abbildung 20 Inhibierung der Methacrylat- bzw. Acrylat-Komponenten mit TEMPO bei 155 °C in EPDM-Mischung

Die unpolaren Monoacrylate werden durch den aktiven Inhibitor am besten vor der Autopolymerisation bewahrt. Die polaren Monoacrylate werden weniger vor der Autopolymerisation geschützt.

$$r_{i;\mathrm{unpolare\ Acrylate}} < r_{i;\mathrm{polare\ Acrylate}} \qquad \text{(Gl. 6.24)}$$

Die unpolaren Acrylate verfügen über elektronenspendende Gruppen in der intramolekularen Nachbarschaft. Durch den elektronenspendenden Effekt der unpolaren CH_2-Gruppen erhöht sich die Elektronendichte der Doppelbindung des Acrylates leicht. Diese wird somit weniger reaktiv und höher selektiv. Das bewirkt eine höhere Stabilität und somit eine verbesserte Inhibierung der Autopolymerisation. Bei den polaren Acrylaten kehrt sich dieser Effekt um. Die Polarität wird durch Sauerstoff in den Repetiereinheiten bewirkt. Diese Sauerstoffverbindungen sind elektronenziehende Gruppen. Die Doppelbindung im Acrylat weist eine geringere Elektronendichte auf. Die Stabilität der Doppelbindung wird durch Erhöhung der Reaktivität und Verminderung der Selektivität herabgesetzt.

Für die polaren Methacrylate wurde herausgefunden, dass diese sich nur ungenügend mit dem aktiven Tempo inhibieren lassen. Das Dimethacrylat wird anfangs noch gut inhibiert. Bei weiterer Erhöhung der Inhibitorkonzentration geht der Inhibierungseffekt, wie beim polaren Monomethacrylat, vollständig verloren und es gilt:

$$r_{i:polare\_Metharylat\,e} \xrightarrow{TEMPO} \infty \qquad \text{(Gl. 6.25)}$$

Der Grund für die geringe Inhibierungswirkung des TEMPO's liegt darin, dass die Bindung des mit dem TEMPO reagierten Methacrylatradikals bei den Temperaturen zu schwach ist. Durch die elektronenschiebende Methylgruppe im Methacrylat wird die Bindung so stark geschwächt, dass sie wieder disproportioniert. Das so rückgebildete Methacrylatradikal kann über ein Propagationsschritt die Polymeraufbaureaktion bzw. Vernetzung des Systems bewirken. Das TEMPO bewirkt keine Inhibierung, sondern eine kontrolliert radikalische Polymerisation der Methacrylate. Das entsprechende Reaktionsschema kann der Abbildung 21 entnommen werden.

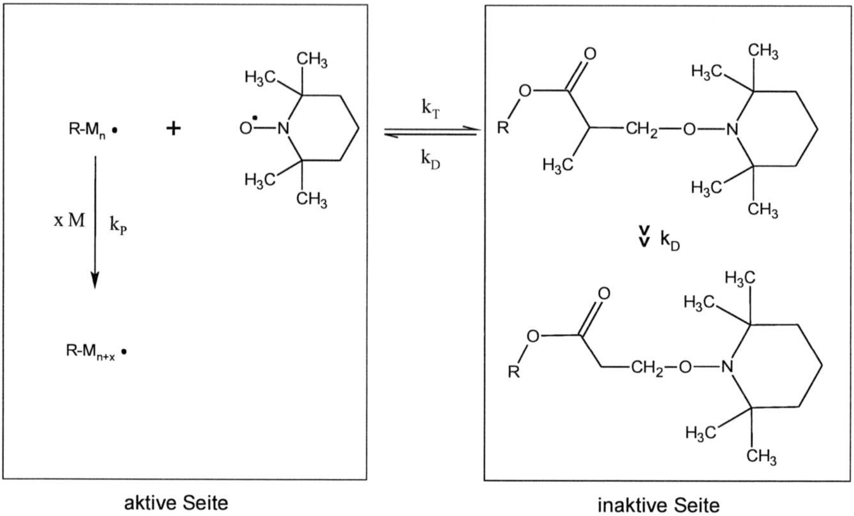

Abbildung 21 Inhibierungsgleichgewicht der Methacrylat- bzw. Acrylat-Komponenten mit TEMPO

In Abbildung 22 ist die Inhibierungszeit in Abhängigkeit des Inhibitorverbrauchs mit dem passiven Inhibitor MeHQ dargestellt. Alle Verbindungen werden durch das MeHQ ausreichend inhibiert. Der Stabilisierungseffekt durch den passiven Inhibitor MeHQ ist für das unpolare Monoacrylat am größten. Der entsprechende Inhibitorverbrauch pro Zeiteinheit ist für diese Substanzgruppe am geringsten. Etwas mehr Inhibitor benötigt das polare Monoacrylat pro Zeiteinheit. Der Inhibitorverbrauch pro Zeiteinheit für die polaren Methacrylate steigt deutlich an. Der Inhibitorverbrauch des polaren Monomethacrylates ist näherungsweise doppelt so hoch wie der des polaren Dimethacrylates.

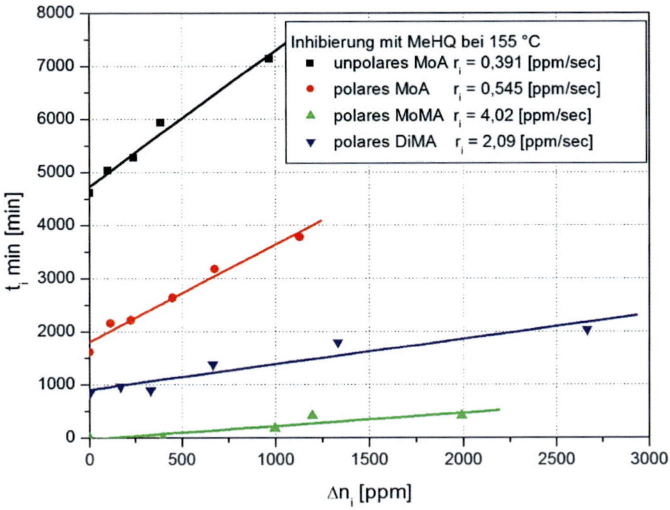

Abbildung 22 Inhibierung der Methacrylat- bzw. Acrylat-Komponenten mit MeHQ bei 155 °C in EPDM-Mischung

Der Inhibitorverbrauch pro Zeiteinheit des unpolaren und polaren Monoacrylates befindet sich in der gleichen Größenordnung, wie schon für den aktiven Inhibitor gefunden. Dementsprechend gilt die Gleichung 6.24 auch für die passiven Inhibitoren. Die Differenz in den Monoacrylaten beruht wieder auf dem Stabilisierungseffekt der intramolekularen Nachbargruppen. Dass die Doppelbindung der Methacrylate durch die Methylgruppe weniger stabil ist, kann aus dem hohen Inhibitorverbrauch pro Zeiteinheit abgeleitet werden.

$$r_{i;Acrylate} << r_{i;Methacrylate} \qquad \text{(Gl. 6.26)}$$

Bei den Methacrylaten kommt es somit häufiger zur Disproportionierung der Doppelbindung als bei den Acrylaten. In Folge dessen müssen mehr Radikale inhibiert werden. Der halb so hohe Inhibitorverbrauch pro Zeiteinheit des polaren Dimethacrylates kann damit begründet werden, dass die zweite intramolekulare Doppelbedingung nach der Reaktion der ersten Doppelbindung eine niedrigere Reaktionswahrscheinlichkeit aufweist.

$$r_{i;Dimethacrylate} < r_{i;Monomethacrylate} \qquad \text{(Gl. 6.27)}$$

Die erste Doppelbindung weist ca. den gleichen Inhibitorverbrauch pro Zeiteinheit auf, die zweite Doppelbindung dagegen eine deutlich niedrigere. Da der Verbrauch aber auf ein Mol Doppelbindungen bezogen ist, halbiert sich dieser Wert nahezu.

Der Inhibitorverbrauch pro Zeiteinheit in Abhängigkeit der Verarbeitungstemperatur ist, in Form der Arrhenius Gleichung, in Abbildung 23 aufgetragen.

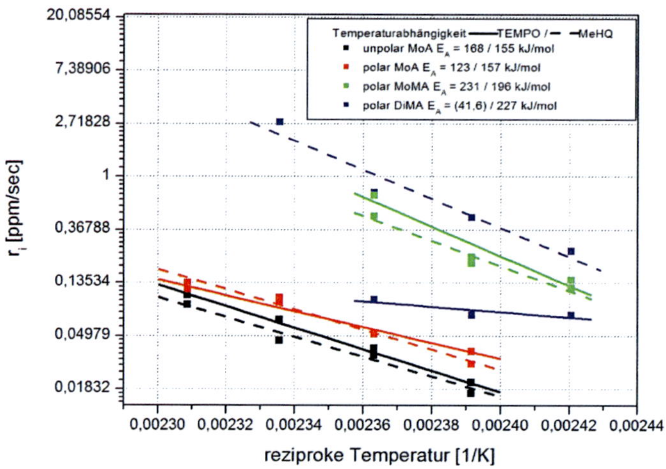

Abbildung 23 Temperaturabhängigkeit der Inhibierungsreaktionen nach Arrhenius für die Methacrylat- bzw. Acrylat-Komponenten mit TEMPO und MeHQ in EPDM-Mischung

In den gefundenen Abhängigkeiten ist ein deutlicher Einfluss der Art der reaktiven Gruppen zu erkennen. Der Einfluss des gewählten Inhibitors auf die Verläufe ist sehr gering. Die Kurvenverläufe in Abhängigkeit für die Inhibitoren TEMPO und MeHQ unterscheiden sich nur unwesentlich. Die Abhängigkeit des Inhibitorverbrauchs pro Zeiteinheit der Methacrylate von der Temperatur liegt in ihren Kurvenverläufen deutlich über den der Acrylate. Die Kurve des polaren Dimethacrylates mit TEMPO als Inhibitor weicht wesentlich von den anderen ab. Sie weist einen viel geringeren Anstieg auf und verläuft zwischen den Acrylat- und Methacrylat-Kurven. Der Verlauf der Dimethacrylat-Kurve mit MeHQ liegt etwas höher als die Verläufe des Monomethacrylates mit TEMPO bzw. MeHQ. Die Kurven des polaren Monoacrylates mit TEMPO bzw. MeHQ verlaufen etwas höher als die des unpolaren Monoacrylates mit TEMPO bzw. MeHQ.

Aus den Anstiegen der erhaltenen Abhängigkeiten kann die Aktivierungsenergie für die Inhibierung der Autopolymerisation der Additive berechnet werden. Wie aus den Verläufen der Temperaturabhängigkeit schon geschlossen werden kann, liegen die Aktivierungsenergien für die Methacrylate deutlich über denen für die Acrylate. Das bedeutet, dass die Inhibierung der Autopolymerisation der Methacrylate energetisch ungünstiger ist als die der Acrylate. Aufgrund der Elektronen drückenden Methylgruppe im Methacrylat weist die entstehende Bindung mit dem Inhibitor eine hohe Elektronendichte auf. Das führt zu einer schwachen Bindung. Um diese schwache Bindung ausbilden zu können, muss eine höhere Aktivierungsenergie aufgebracht werden. Eine weitere Erhöhung der Aktivierungsenergie bewirkt, wie im Fall des polaren Dimethacrylates, eine zweite weniger reaktive Doppelbindung. Aus den ähnlichen Aktivierungsenergien der unpolaren und polaren Acrylate kann geschlossen werden, dass die unpolaren und polaren Repetiereinheiten die Inhibierungsreaktion energetisch nicht beeinflussen. Für einen signifikanten Einfluss, wie sie die Methylgruppe im Methacrylat ausübt, sind die Repetiereinheiten zu weit von der Reaktionssphäre entfernt. Das deutliche Abweichen des Verhaltens des mit TEMPO inhibierten polaren Dimethacrylates, kann auf die durch das TEMPO ausgelöste kontrollierte radikalische Polymerisation zurück geführt werden. Diese verläuft sehr langsam, so das es anfänglich eine scheinbare Inhibierungswirkung zeigt. Das TEMPO wirkt in diesem Fall als Regulator und senkt die Aktivierungsenergie für die Reaktion deutlich. Da das Tempo stets in der Reaktionssphäre der Doppelbindung sein muss, ist es verständlich, dass die kontrolliert radikalische Reaktion beim Dimethacrylat eher eintritt als beim Monomethacrylat.

6.2.3 Untersuchungen der äußeren Einflüsse auf die Inhibierung

Äußere Einflüsse, die eine zusätzliche Beeinflussung der Inhibierung der Additive darstellen können, zeigen sich in der Art des Basispolymeren sowie in der Scherung des Polymeres bei der Aufarbeitung. Diese sollen im Folgenden mit dem System polares Dimethacrylat/MeHQ aufgeklärt werden.

In Abbildung 24 ist der Inhibitorverbrauch pro Zeiteinheit für die Basispolymere aufgetragen. Den höchsten Verbrauch verursacht das EPDM. Das LD-PE weist den niedrigsten Verbrauch auf. Der Verbrauch des Ethylen-1-Octen liegt etwas über dem des LD-PE's.

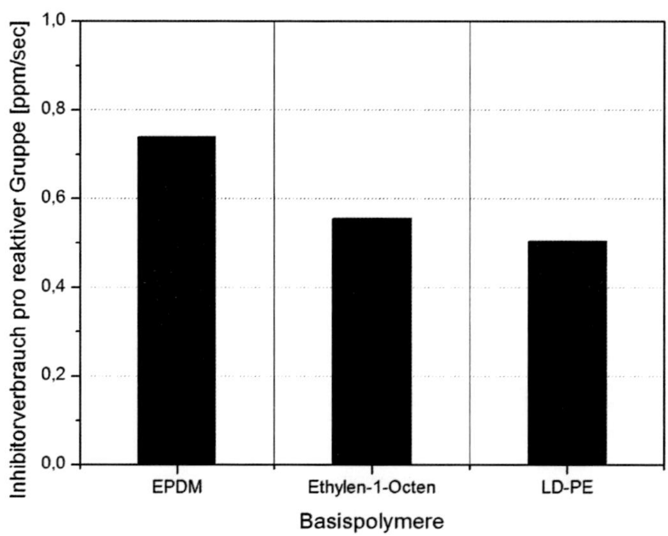

Abbildung 24 Inhibitorverbrauch MeHQ in Abhängigkeit von der Polymerbasis bei 150 °C mit polarem Dimethacrylat

Im gleichen Maße, wie der Inhibitorverbrauch vom EPDM zum LD-PE hin abnimmt, sinken auch die Nulldrehmomente der Basispolymere. Es ergibt sich ein signifikanter Einfluss der Polymere auf die Inhibierung, der durch deren unterschiedliche Viskositäten bzw. Drehmomente verursacht wird. Je höher die Viskosität des Polymeren ist, desto höher ist die mechanische Beanspruchung der Polymerketten. Damit steigt auch die Wahrscheinlichkeit der Kettenspaltung zu Radikalen, die die unerwünschte Autopolymerisation der Additive auslösen. Diesem negativen Einfluss kann durch eine entsprechend erhöhte Zugabe des Inhibitors entgegengewirkt werden.

Unabhängig von der Viskosität des Polymers kann die Belastung der Polymerketten durch die bei der Verarbeitung gewählte Drehzahl variiert werden. Je höher die Drehzahl desto höher ist die Scherung des Polymers.
In Abbildung 25 ist der Inhibitorverbrauch pro Zeiteinheit in Abhängigkeit von der bei der Verarbeitung gewählten Drehzahl dargestellt. Die gefundene Abhängigkeit zeigt deutlich, dass der Inhibitorverbrauch mit zunehmender Drehzahl steigt. Im höheren Drehzahlbereich nimmt der Inhibitorverbrauch nahezu linear mit der Erhöhung der Drehzahl zu. Im niedrigen Drehzahlbereich nimmt der Einfluss auf den Inhibitorverbrauch ab.
Die Scherung, die auf die Polymerketten ausgeübt wird, nimmt mit der Drehzahl zu. Die Wahrscheinlichkeit einer Kettenspaltung nimmt zu und somit auch der Inhibitorverbrauch. Im niedrigen Drehzahl Bereich ist dieser Effekt der Scherung nicht so deutlich ausgeprägt. In diesem Bereich dominiert die thermische initiierte Autopolymerisation der Additive. Ab dreißig Umdrehungen pro Minute spricht die starke Zunahme des Inhibitorverbrauchs und der lineare Zusammenhang mit der Drehzahl für einen von der Scherung dominierten Effekt.

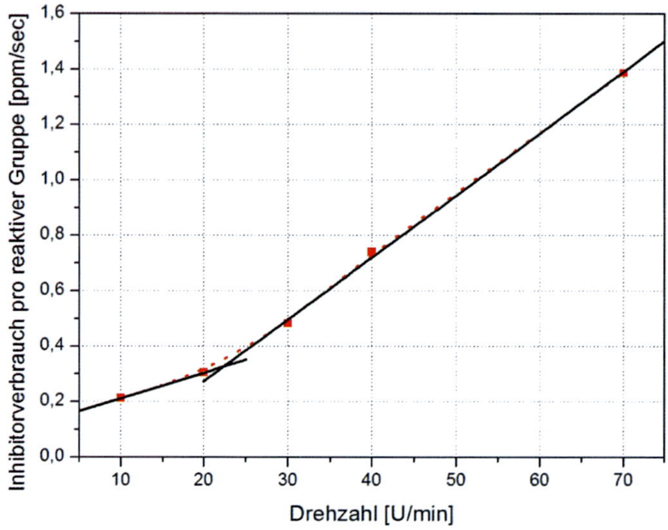

Abbildung 25 Inhibitorverbrauch MeHQ in Abhängigkeit von der Drehzahl bei 150 °C mit polarem Dimethacrylat in EPDM

6.2.4 Zusammenfassung

Durch die Untersuchungen konnte gezeigt werden, dass die aktiven Inhibitoren wirksamer sind als die passiven. Jedoch unterliegen die aktiven Inhibitoren der Einschränkung, dass sie nur für die Acrylatverbindungen geeignet sind. Bei den Methacrylaten kann durch die aktiven Inhibitoren eine kontrolliert radikalische Polymerisation ausgelöst werden. Eine Kombination der aktiven mit den passiven Inhibitoren führt zwar zu einer Erhöhung der Selektivität der Inhibitoren, bringt jedoch keine Reduzierung der einzusetzenden Menge an Inhibitor. Bei den Untersuchungen erwiesen sich die unpolaren Acrylate als stabiler als die polaren Acrylate. Die Methacrylatverbindungen sind deutlich instabiler und benötigen somit eine höhere Inhibierung. Der Einfluss einer zweiten reaktiven Gruppe im Molekül auf die Inhibierung ist aufgrund der geringeren Reaktivität niedrig. Aus den Temperaturabhängigkeiten konnte ermittelt werden, dass die Inhibierungsreaktion der

Methacrylate energetisch ungünstiger ist als die der Acrylate. Ein signifikanter Einfluss der Art der Repetiereinheiten bzw. des Inhibitortyps auf Aktivierungsenergie der Inhibierungsreaktion konnte nicht festgestellt werden. Ein signifikanter Einfluss auf die Inhibierung konnte in der Viskosität und der auf das Polymer ausgeübten Scherung nachgewiesen werden. Je höher diese sind, desto höher ist der Inhibitorverbrauch pro Zeiteinheit.

6.3 Plastisolspezifische Eigenschaften

In diesem Abschnitt sollen die plastisolspezifischen Eigenschaften der polyolefinischen Dispersionen untersucht werden. Unter plastisolspezifischen Eigenschaften werden all jene verstanden, die für die Verarbeitung der Plastisole essentiell sind. Dazu zählen die mittleren Partikeldurchmesser der polyolefinischen Partikel, die Viskositäts- und Fließeigenschaften sowie das Gelierverhalten der Polymerpartikel beim Erwärmen in den formulierten Plastisolen.

6.3.1 Untersuchungen zum mittleren Partikeldurchmesser

Der mittlere Partikeldurchmesser wird in erster Linie durch die Herstellung der polyolefinischen Dispersion vorgegeben. Die polyolefinische Dispersion ist die Vordispersion für den nächsten Verfahrensschritt, die Formulierungsstufe.
Die wesentlichste Möglichkeit, den mittleren Partikeldurchmesser bei der Vordispersionsherstellung aktiv zu beeinflussen, ist die Variierung des Dispergieradditivs. Dieses ist dafür verantwortlich, die Polymerpartikel beim Abkühlen aus der Schmelze zu separieren. Die Partikelgröße der separierten Teilchen kann über den polaren Anteil, der von der Anzahl der polaren Repetiereinheiten bestimmt wird, im Dispergieradditiv beeinflusst werden.
Für die folgenden Untersuchungen wurde ein polares Acrylat verwendet, das aus thermodynamischer Sicht die Bedingungen der Dispergieradditive mit unterschiedlicher Anzahl an polaren Repetiereinheiten erfüllt. Um die resultierenden Partikelverteilungen unabhängig von den Anteilen der Rezepturbestandteile untersuchen zu können, wurde von einer Standardrezeptur mit gleicher Zusammensetzung ausgegangen.
Die Ergebnisse der Analyse der Partikelverteilungen für die Vordispersionen sind in Abbildung 26 graphisch dargestellt. Der größte mittlere Partikeldurchmesser konnte für die Rezeptur mit der höchsten Anzahl an Repetiereinheiten im Dispergieradditiv gefunden werden. Mit abnehmender Anzahl an polaren Repetiereinheiten nimmt der mittlere Partikeldurchmesser ab. Bei sehr geringe Anzahl an polaren

Repetiereinheiten nimmt der mittlere Partikeldurchmesser dann wieder leicht zu.

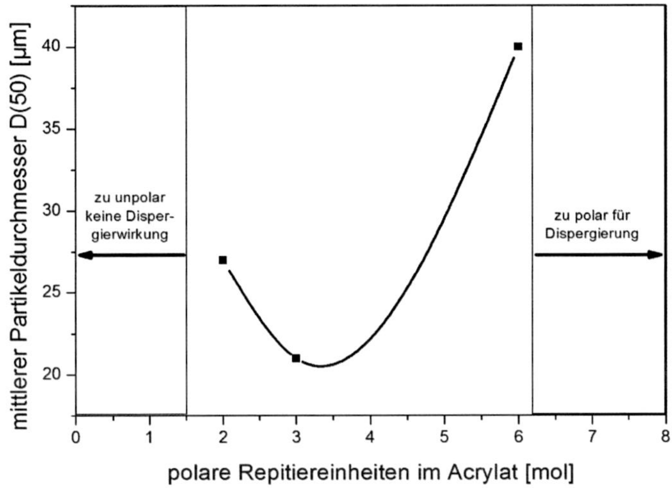

Abbildung 26 Beeinflussung des mittleren Partikeldurchmessers über die Anzahl der polaren Repetiereinheiten im Dispergieradditiv für eine Ethylen-1-Octen Vordispersion

Die Ergebnisse zeigen, dass es keinen einfachen Zusammenhang zwischen der Anzahl der polaren Repetiereinheiten im Dispergieradditiv und dem mittleren Partikeldurchmesser gibt. Vielmehr gibt es ein Optimum für die Anzahl der polaren Repetiereinheiten, mit dem der angestrebte niedrigste Partikeldurchmesser erzielt wird. Bei zu niedriger Polarität ist die Dispergierwirkung beim Abkühlen, aufgrund der aus thermodynamischer Sicht zu guten Verträglichkeit mit dem Morphologiepolymer, vermindert. Die Dispergierung läuft nicht vollständig ab, wodurch größere nicht dispergierte Partikel auftreten. Der gleiche Effekt tritt auf, wenn das Dispergieradditiv zu polar ist, also bei einer zu hohen Anzahl an polaren Repetiereinheiten. Die Dispergierwirkung wird aber hier dadurch vermindert, dass das Dispergieradditiv aus thermodynamischer Sicht zu unverträglich mit dem Morphologiepolymer wird. Die Partikel werden schon während des Einarbeitens in die Schmelze separiert und nicht erst beim Abkühlen. Eine schlechte Dispergierung mit größeren Partikeln durch unvollständige Einarbeitung des Dispergieradditivs ist die Folge.

Eine weitere Möglichkeit, den mittleren Partikeldurchmesser über das Dispergieradditiv zu beeinflussen, ergibt sich aus der Variation dessen Anteils in der Vordispersion. Die sich bei den durchgeführten Versuchen ergebenden mittleren Partikeldurchmesser in Abhängigkeit des Anteils an Dispergieradditiv in der Vordispersion sind in Abbildung 27 dargestellt. Der mittlere Partikeldurchmesser nimmt mit dem Anteil an Dispergieradditiv ab. Bei zu geringem Anteil an Dispergieradditiv konnte keine feinteilige Dispersion erhalten werden. Wenn der Anteil des Dispergieradditivs zu hoch ist, entsteht eine feinteilige Dispersion mit einem unerwünschten Grobanteil.

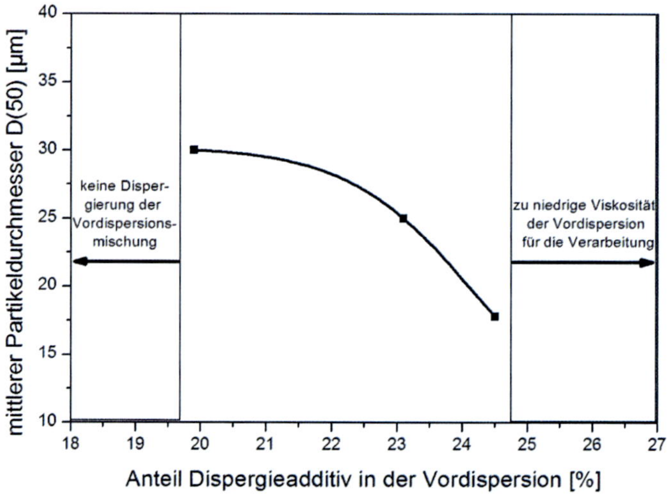

Abbildung 27 Beeinflussung des mittleren Partikeldurchmessers über den Anteil an Dispergieradditiv in der Vordispersion am Beispiel des Basispolymers LD-PE

Wie aus den Ergebnissen in Abbildung 27 hervorgeht, gibt es einen direkten Zusammenhang zwischen Anteil an Dispergieradditiv und bewirktem mittleren Partikeldurchmesser. Bei geringen Anteilen an Dispergieradditiv ist die Änderung des mittleren Partikeldurchmessers gering. Mit zunehmendem Anteil an Dispergieradditiv wird der Einfluss auf den mittleren Partikeldurchmesser immer größer. Bei der Variation des Anteils an Dispergieradditiv ergeben sich Grenzfälle, die beachtet werden müssen. Wenn zu wenig Dispergieradditiv zugegeben wird, ist es nicht möglich, beim Abkühlen eine feinteilige Dispersion auszufällen. Vielmehr kommt es beim Abkühlen zu einem Schmelzebruch, in dessen Folge sich faserige Polymerstrukturen bilden. Das andere Extrem tritt auf, wenn zu viel Dispergieradditiv zu der Vordispersion hinzu gegeben wird. Dabei entsteht zwar eine feinteilige Dispersion, jedoch ist die Viskosität der Schmelze so gering, dass die notwendige Scherung zur homogenen Einarbeitung des Dispergieradditivs in der Wärme nicht ausreicht. Dadurch bilden sich größere Agglomerate, die beim Abkühlen nicht zerschert werden und damit die Vordispersion unbrauchbar machen. Daher ist es nur sinnvoll, den Dispergieradditivanteil in den jeweiligen Grenzen zu variieren. Diese Grenzbedingungen müssen für jede Rezeptur gesondert ermittelt werden.

Für die Bestimmung der mittleren Partikeldurchmesser in Abhängigkeit von den Basispolymeren, wurden die hergestellten feinteiligen Dispersionen zuvor in die niedrigviskose plastisolcharakteristische Form (nächster Verfahrensschritt) überführt. Für die Überführung in die Plastisolform wurde für das Formulierungsadditiv zur Beurteilung des polaren Einflusses ein Dispergieradditiv und zur Beurteilung des unpolaren Einflusses ein Morphologieadditiv eingesetzt. Auf diese Weise werden auch die als gering eingestuften Einflüsse der Formulierungsadditive mit untersucht.

Die Partikelverteilungen der mit polarem Formulierungsadditiv erzeugten Plastisole auf Basis der ausgewählten Basispolymere sind in Abbildung 28 dargestellt. Das EPDM basierte Plastisol weist die kleinste Partikelverteilung auf. Das Ethylen-1-Octen basierte Plastisol weist eine ähnliche Partikelverteilung auf wie das LD-PE basierte Plastisol. Das LD-PE basierte Plastisol liegt mit seinem mittleren Partikeldurchmesser etwas über dem Ethylen-1-Octen basierten Plastisol.

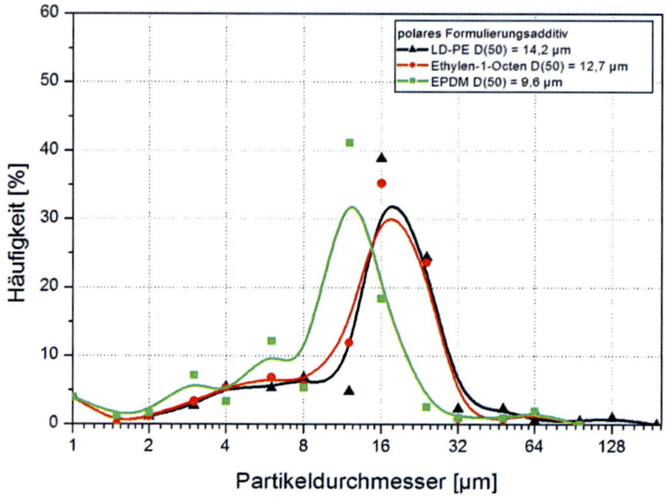

Abbildung 28 Partikelverteilung der mit polarem Formulierungsadditiv erzeugten Plastisole auf Basis der ausgewählten Basispolymeren

Die mittleren Partikelgrößen (D(50)-Wert) der Plastisole mit polarem Formulierungsadditiv lassen eine Abhängigkeit zur Kristallisationstemperatur der Basispolymere erkennen. Je niedriger die Kristallisationstemperatur der Basispolymere ist, desto geringer ist die resultierende mittlere Partikelgröße. Die Basispolymere mit einer niedrigeren Kristallisationstemperatur können über einen längeren Zeitraum effektiv im amorphen Zustand beim Abkühlen geschert werden. Dadurch wird die Separation bzw. Dispergierung der Polymerpartikel sichtlich gefördert. Das polare Formulierungsadditiv ist aus thermodynamischer Sicht zu unverträglich mit den Polymerbestandteilen, um einen Einfluss auf die Partikelgröße durch den Formulierungsschritt zu bewirken.

In Abbildung 29 sind die Häufigkeitsverteilungen der Dispersionen dargestellt, die mit dem unpolaren Formulierungsadditiv zu Plastisolen verarbeitet wurden. Das auf LD-PE basierte Plastisol weist den niedrigsten mittleren Partikeldurchmesser auf. Bei den Plastisolen, die auf EPDM bzw. Ethylen-1-Octen basieren, tritt ein erheblicher Anteil an größeren Partikeln auf. Aufgrund dieses Anteils hat das EPDM basierte Plastisol die höchste mittlere Partikelgröße. Die mittlere Partikelgröße des Ethylen-1-Octen basierten Plastisols ordnet sich zwischen dem LD-PE basierten und dem EPDM basierten Plastisol ein.

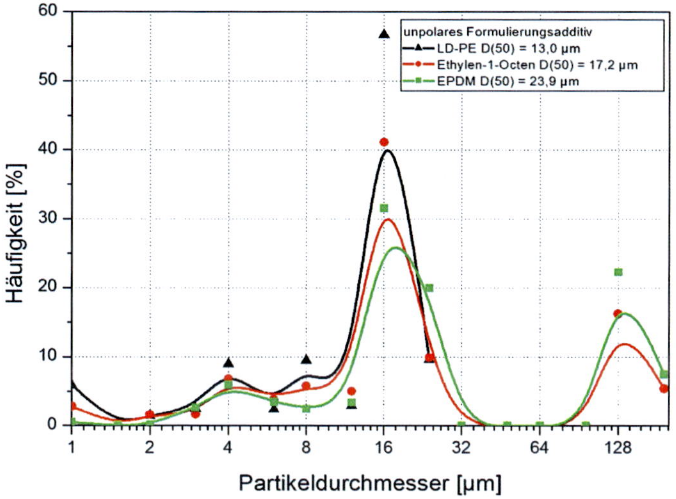

Abbildung 29 Partikelverteilung der mit unpolarem Formulierungsadditiv erzeugten Plastisole auf Basis der ausgewählten Basispolymeren

Das unpolare Formulierungsadditiv hat einen deutlichen Einfluss auf die Partikelverteilung der Plastisole. Es ist aus thermodynamischer Sicht teilverträglich mit den polymeren Bestandteilen. Dadurch kommt es zu einer Wechselwirkung, in dessen Folge ein gewisser Anteil des Formulierungsadditivs in die Polymere eindiffundiert. Dies führt zu einem Volumenzuwachs der Polymerpartikel. Die mittlere Partikelgröße ist dadurch höher als die mittlere Partikelgröße der mit polarem Formulierungsadditiv erzeugten Plastisole. Die Stärke der Wechselwirkung korreliert mit dem kristallinen Anteil der Basispolymere. Das LD-PE weist den höchsten kristallinen Anteil der ausgewählten Basispolymere auf. Die kristallinen Strukturen im Polymer gehen keine Wechselwirkung mit dem unpolaren Formulierungsadditiv ein. Dementsprechend verändert sich die mittlere Partikelgröße des LD-PE basierten Plastisols nur wenig. Der gegenteilige Effekt tritt bei dem EPDM basierten Plastisol auf. Das EPDM weist einen sehr niedrigen kristallinen Anteil auf. Somit steht der große amorpher Anteil des EPDM's für die Wechselwirkung mit dem unpolaren Formulierungsmittel zur

Verfügung. Die Zunahme des mittleren Partikeldurchmessers ist deshalb für das EPDM basierte Plastisol am größten.

6.3.2 Viskositäts- und Fließ-Eigenschaften der formulierten Plastisole

Die Viskositäts- und Fließeigenschaften der Plastisole werden in der Formulierungsstufe eingestellt. Die Viskositätseigenschaften hängen hauptsächlich vom Anteil des zugesetzten Formulierungsadditivs ab. Je mehr Formulierungsadditiv zugesetzt wird, desto geringer sollte die sich ergebende Viskosität des Plastisols sein. Ein weiterer Einfluss auf die Viskositäts- und Fließeigenschaften kann die chemische Natur des Formulierungsadditivs sein, je nach dem, ob es polar bzw. unpolar ist.

In Abbildung 30 sind die Abhängigkeiten der Viskosität vom Feststoffanteil bei einem Geschwindigkeitsgefälle von 50 s^{-1} für die mit polarem Formulierungsadditiv erzeugten Plasitsole dargestellt. Die stärkste Beeinflussung der Viskosität wird beim Plastisol das auf EPDM basiert gefunden. Bis zu hohen Feststoffanteilen von über 60 % liegt die Viskosität bei einem Geschwindigkeitsgefälle von 50 s^{-1} bei kleiner 2 Pas. Erst mit einem Feststoffanteil größer 62 % steigt die Viskosität stark an. Die Beeinflussung der Plastisole auf Basis von LD-PE und Ethylen-1-Octen weisen einen ähnlichen Verlauf auf. Die Zunahme der Viskosität mit dem Feststoffanteil verläuft hier viel gleichmäßiger, als bei dem EPDM basierten Plastisol. Die Viskosität 2 Pas wird unter den gewählten Bedingungen für das LD-PE und das Ethylen-1-Octen basierte Plastisol bereits bei einem Feststoffanteil von 50 % überschritten. Die Viskosität des Ethylen-1-Octen basierten Plastisols steigt mit dem Feststoffanteil etwas schneller als die des LD-PE basierten Plastisols.

Eine Ursache für das starke Abweichen des Verlaufes der Viskosität in Abhängigkeit des Feststoffgehaltes für das EPDM basierte Plastisol können dessen besonders weiche Polymerpartikel sein. Die auf höher kristallinen Polymeren basierten Plastisole weisen härtere Polymerteilchen und einen gleichmäßigeren Anstieg der Viskosität auf.

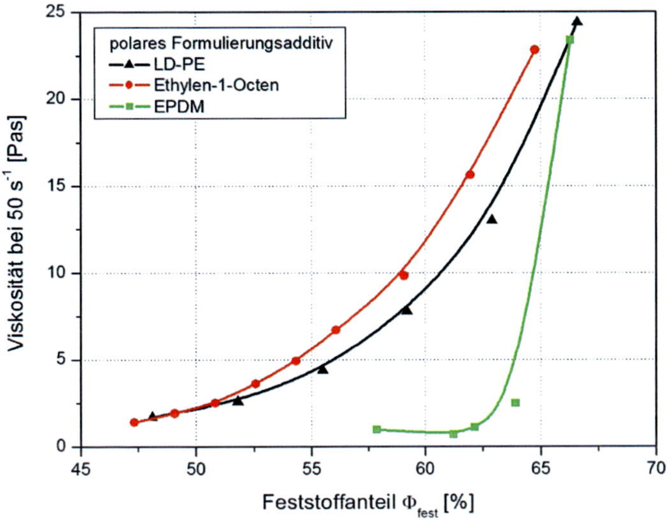

Abbildung 30 Abhängigkeit der Viskosität bei einem Geschwindigkeitsgefälle von 50 s^{-1} vom Feststoffanteil (mit polarem Formulierungsadditiv)

Einen klare Aussage bietet das Fließverhalten der Plastisole, welches in Abbildung 31 dargestellt ist. Das LD-PE basierte Plastisol hat ein newtonsches Fließverhalten. Die Viskosität ist unabhängig vom Geschwindigkeitsgefälle. Für das Ethylen-1-Octen ist die Viskosität abhängig vom Geschwindigkeitsgefälle. Zunächst weist der Kurvenverlauf bei kleinen Geschwindigkeitsgefällen eine leichte Abnahme der Viskosität auf. Mit steigendem Geschwindigkeitsgefälle steigt die Viskosität wieder an und nähert sich asymptotisch einem Endwert. Für das EPDM basierte Plastisol sind die gleichen Effekte in einer verstärkten Form zu beobachten.

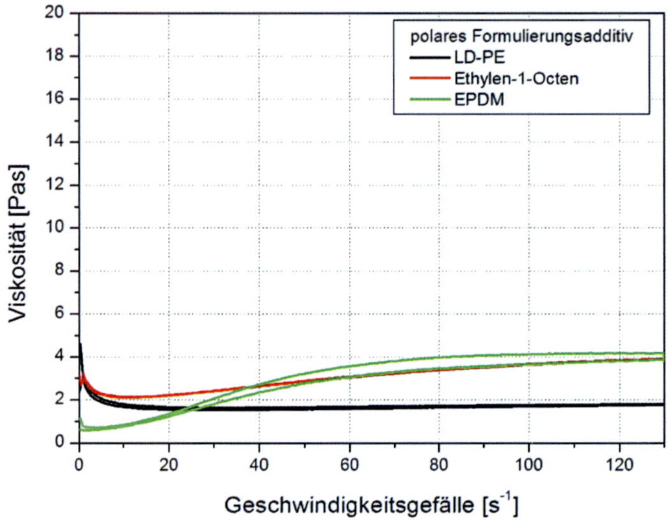

Abbildung 31 Abhängigkeit des Fließverhaltens von der Art des Basispolymers (mit polarem Formulierungsadditiv)

Der Effekt, der für das Fließverhalten der unterschiedlichen Plastisole mit polarem Formulierungsadditiv gefunden wurde, lässt sich auch nach dieser Untersuchung auf die Eigenschaften der Polymerpartikel zurückführen. Die Steifigkeit der Polymerpartikel nimmt aufgrund des geringer werdenden kristallinen Anteils vom LD-PE zum EPDM hin ab. Durch die geringere Steifigkeit der Partikel treten bei geringen Geschwindigkeitsgefällen beim Zusammenstoß zweier Partikel reversible elastische Verformungen auf. Bei höher werdenden Geschwindigkeitsgefällen verstärken sich die Deformationen der Partikel. Ein Anteil, der auf die Partikel ausgeübten Kraft wird, aufgrund der häufigen Zusammenstöße, in eine reversible elastische Dauerverformung dissipiert. Dieser Energieanteil, der für die elastische Dauerverformung verantwortlich ist, verursacht den Viskositätsanstieg in den auf EPDM und Ethylen-1-Octen basierten Plastisolen.

In Abbildung 32 sind die Abhängigkeiten der Viskosität vom Feststoffanteil bei einem Geschwindigkeitsgefälle von 50 s^{-1} für die mit unpolaren Formulierungsadditiven erzeugten Plastisole dargestellt. Die Viskosität des EPDM basierten Plastisols steigt mit niedrigem Feststoffanteil am stärksten an. Die Kurvenverläufe für die LD-PE und Ethylen-1-Octen basierten Plastisolen erreichen ähnlich hohe Viskositäten erst bei höheren Feststoffanteilen. Dabei zeigt das LD-PE basierte Plastisol bei vergleichbaren Feststoffanteilen eine niedrigere Viskosität.

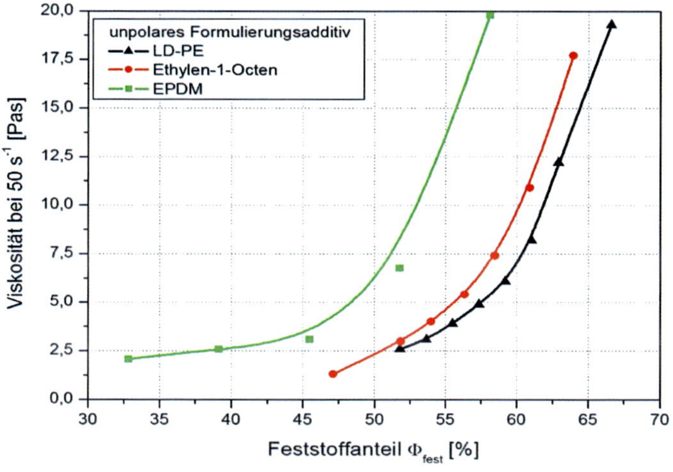

Abbildung 32 Abhängigkeit der Viskosität bei einem Geschwindigkeitsgefälle von 50 s^{-1} vom Feststoffanteil (mit unpolarem Formulierungsadditiv)

Die Abhängigkeit der Viskosität vom Feststoffanteil der Plastisole mit unpolarem Formulierungsadditiv unterscheidet sich vor allem bei EPDM-basierten Plastisolen von den Abhängigkeiten mit polarem Formulierungsadditiv. Das entsprechende LD-PE basierte Plastisol unterscheidet sich im Verlauf nur geringfügig vom Verlauf des Plastisols mit polarem Formulierungsadditiv. Das trifft auch für das Ethylen-1-Octen basierte Plastisol zu. Eine Erklärung für den starken Unterschied in der Abhängigkeit der Viskosität vom Feststoffanteil für das EPDM basierte Plastisol ist aus dem Fließverhalten (Abbildung 33) erkennbar.

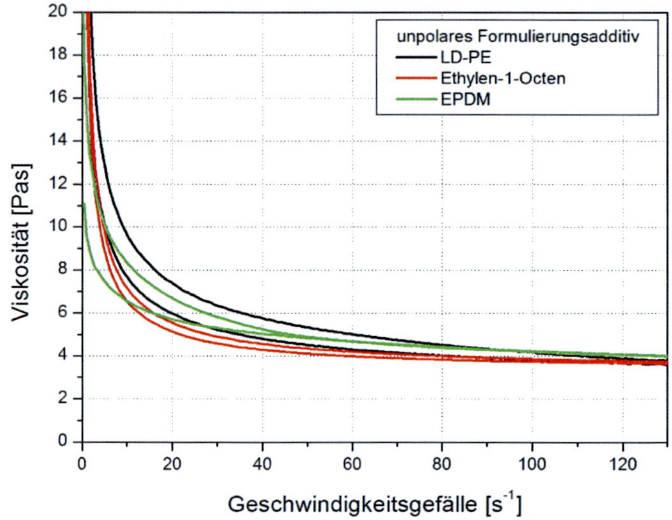

Abbildung 33 Abhängigkeit des Fließverhaltens von der Art des Basispolymers (mit unpolarem Formulierungsadditiv)

Die Abhängigkeit der Viskosität vom Geschwindigkeitsfälle zeigt für die mit unpolarem Formulierungsadditiv hergestellten Plastisole ein deutlich pseudoplastisches Verhalten. Das heißt, dass die Viskosität mit steigendem Geschwindigkeitsgefälle abnimmt.

Vor allem beim EPDM basierten Plastisol wies das Fließverhalten deutlich einen dilatanten Anteil, mit einem vorgelagerten Viskositätsminimum auf. Da das Fließverhalten mit dem unpolaren Formulierungsadditiv pseudoplastisches Verhalten zeigt, unterscheiden sich die beiden Verläufe extrem. Das pseudoplastische Verhalten kann auf das unpolare Formulierungsadditiv zurückgeführt werden. Dieses vermag den äußeren Grenzbereich der Polymerpartikel zu quellen. Das Formulierungsadditiv tritt somit in Wechselwirkung mit den Polymerpartikeln. Die Wechselwirkungen beruhen auf Van der Waals und Dipolkräften. Über die gequollenen Bereiche der Polymerpartikel können bei geringen Geschwindigkeitsgefällen die Partikel in größere Wechselwirkung miteinander treten. Durch diese stärkeren Wechselwirkungen der Partikel muss für deren Bewegung mehr Energie aufgewendet werden. Folglich ergibt sich eine höhere Viskosität der Plastisole im Vergleich zu Plastisolen, deren Partikel keine Wechselwirkungen eingehen. Der Einfluss des gequollenen Randbereiches der Partikel wird mit der Wechselwirkungszeit geringer. Dies ist bei höheren Geschwindigkeitsgefällen der Fall.

6.3.3 Untersuchungen der Geliereigenschaften

Für die Endanwendung müssen die Plastisole von der Dispersion in den festen Aggregatzustand überführt werden. Von den plastisolspezifischen Eigenschaften ist das Gelierverhalten der Polymerpartikel in Abhängigkeit vom Formulierungsadditiv von besonderem Interesse. Unter Gelierverhalten bzw. den Geliereigenschaften wird das Quellungsverhalten der Polymerpartikel in den Formulierungsadditiven verstanden. Das Quellungsverhalten kann über den dissipierten Energieanteil beim Quellvorgang der Partikel während der Erwärmung des Plastisols erfasst werden. Mit dem Quotienten aus dissipiertem und reversiblem Energieanteil kann der Verlustfaktor über den Temperaturverlauf ermittelt werden. Mit dem Verlustfaktor, für den hier der korrigierte Phasenwinkel verwendet wurde, werden in diesem Abschnitt die Einflüsse des Formulierungsadditivs in Art und Anteil untersucht. Ebenfalls untersucht wurde der Einfluss des Polymeranteils auf das Gelierverhalten.

Das Gelierverhalten der Plastisole mit polarem Formulierungsadditiv ist in Abbildung 34 anhand der Veränderung des korrigierten Phasenwinkels mit der Temperatur dargestellt. Der Phasenwinkel der Plastisole ändert sich dabei signifikant. Über den untersuchten Temperaturbereich kann keine Energiedissipation ermittelt werden.
Wie in vorangegangenen Abschnitten gezeigt, gehen die polaren Additive nur geringe thermodynamische Wechselwirkungen mit den Basispolymeren ein. Dementsprechend quellen die Polymerpartikel der Plastisole nicht mit den polaren Formulierungsadditiven. Es kommt zu keiner Energiedissipation. Die Polymerpartikel in Plastisolen, die mit polarem Formulierungsadditiv hergestellt wurden, werden durch das Formulierungsadditiv oberflächlich leicht angequollen, aber nicht solvatisiert. Nach dem Geliervorgang liegen zwei makroskopisch getrennte Phasen vor, die Polymerphase und die polymerisierte Methacrylat- bzw. Acrylat-Phase.

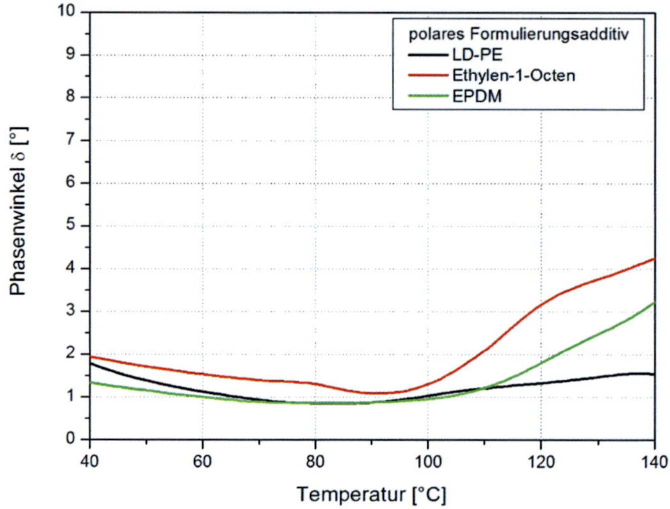

Abbildung 34 Gelierverhalten der Plastisole mit unterschiedlichem Basispolymer in polarem Formulierungsadditiv

Ein anderes Verhalten ist zu beobachten, wenn das Formulierungsadditiv unpolar ist. In Abbildung 35 sind die Gelierverläufe in Abhängigkeit von der Temperatur des EPDM basierten Plastisols mit unterschiedlichen unpolaren Anteilen in der Methacrylat- bzw. Acrylatphase dargestellt. Diese Messungen zeigten Veränderungen des Phasenwinkels über den Temperaturverlauf. Je höher der unpolare Anteil ist, desto höher ist der sich ergebende maximale Phasenwinkel. Der maximal erreichte Phasenwinkel verschiebt sich mit größer werdendem unpolarem Anteil zu niedrigeren Temperaturen.

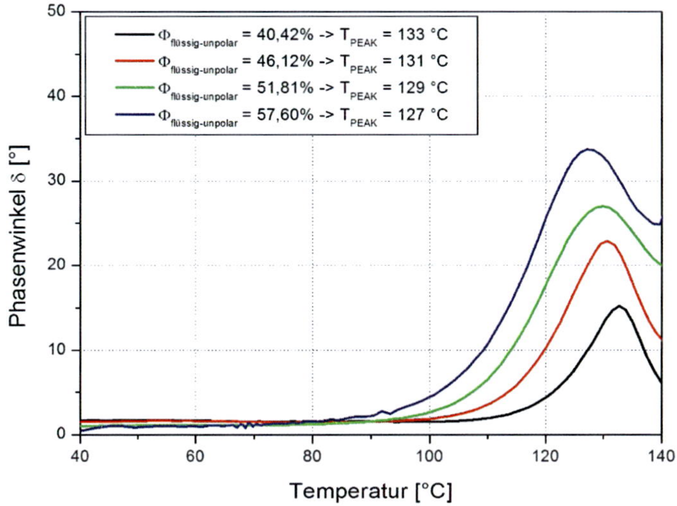

Abbildung 35 Gelierverhalten am Beispiel des EPDM basierten Plastisols mit unterschiedlichen Anteilen an unpolarer Komponente

Der Anteil der unpolaren Komponente hat wesentlichen Einfluss auf das Gelierverhalten. Aus den zunehmenden Phasenwinkeln mit zunehmendem Anteil der unpolaren Komponente kann geschlossen werden, dass mehr Energie während des Erwärmens dissipiert wird. Damit geht einher, dass die Quellung der Polymerpartikel mit zunehmendem Anteil der unpolaren Komponente zunimmt. Die makroskopische Phasenheterogenität nimmt somit ab. Für die untersuchten Bereiche und Substanzen ergibt sich vereinfacht ein linearer Zusammenhang zwischen Gelierpeak und dem Anteil der unpolaren Komponente. Diese Abhängigkeit ist beispielhaft für ein ausgewähltes System in Abbildung 36 dargestellt.

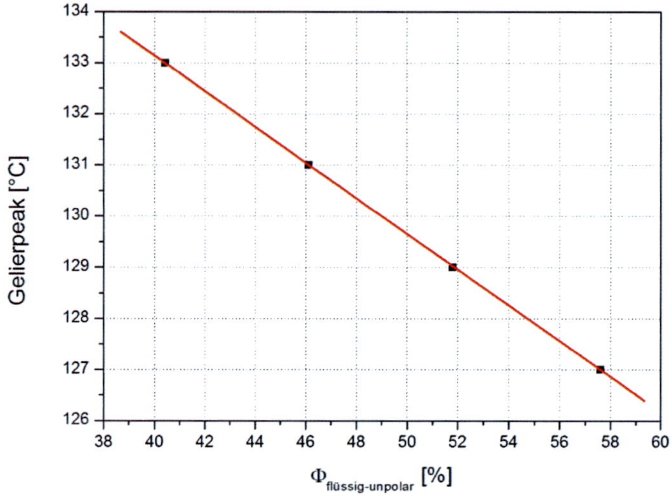

Abbildung 36 Peakmaxima der Gelierkurven für ein ausgewähltes System in Abhängigkeit des Anteils der unpolaren Komponente in der flüssigen Phase des EPDM basierten Plastisols

Die Repetiereinheiten des unpolaren Anteils sind aus chemischer Sicht mit den Grundeinheiten der Basispolymere ähnlich. Aus thermodynamischer Sicht ist der unpolare Anteil der Additive bestrebt, ein Entropieminium zu erwirken, indem es in das Basispolymer eindiffundiert. Dieses Bestreben kann dahingehend ausgenutzt werden, dass durch entsprechende gestaltete Zusammensetzungen die Geliereigenschaften des Plastisols über den Anteil der unpolaren Komponente vorgegeben werden können.

Das dies unabhängig von der Polymerkonzentration im Plastisol ist, kann aus Abbildung 37 entnommen werden. Der Phasenwinkel steigt mit zunehmender Polymerkonzentration an. Die Lage des Gelierpeaks wird nicht signifikant beeinflusst.
Die Polymerkonzentration im Plastisol hat nur einen Einfluss auf die Intensität, nicht aber auf die Lage des Gelierpeaks. Daraus kann gefolgert werden, dass das Gelierverhalten nicht von der Menge der unpolaren flüssigen Komponente im Plastisol abhängig ist, sonder nur von dem Verhältnis von unpolarer zu polarer flüssiger Komponente.

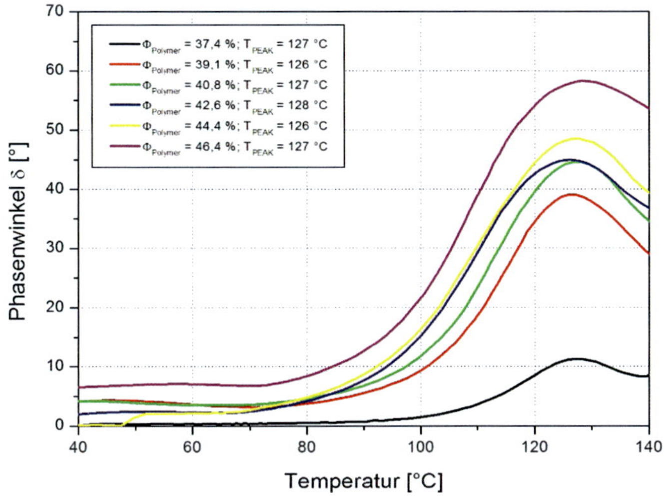

Abbildung 37 Gelierverhalten in Abhängigkeit der Polymerkonzentration bei gleichem Verhältnis von der unpolaren zur polaren Komponente in der flüssigen Phase des Plastisols

6.3.4 Zusammenfassung

Mit den durchgeführten Untersuchungen konnte gezeigt werden, dass die Partikelverteilung der polyolefinischen Dispersion von der Art des gewählten Dispergieradditivs beeinflusst werden kann. Es zeigte sich, dass es keinen einfachen Zusammenhang gibt. Vielmehr gibt es ein Optimum in der Art des Dispergieradditivs, das hauptsächlich durch dessen Polarität bestimmt wird. Ein einfacher Zusammenhang ergibt sich aus der Abhängigkeit der resultierenden mittleren Partikelgröße von der Menge des Dispergieradditivs. Je höher dessen Menge ist, desto geringer ist die mittlere Partikelgröße. Es muss jedoch auf Grenzbedingungen geachtet werden.

Es wurde herausgefunden, dass das polare Formulierungsadditiv die Partikelgrößen nicht beeinflusst. Beim unpolaren Formulierungsadditiv konnten entsprechende Einflüsse auf die Partikelgröße, die mit dem amorphen Anteil des Basispolymers korrelieren, nachgewiesen werden. Ein Einfluss des unpolaren Formulierungsadditivs konnte auch im Viskositäts- und Fließverhalten gefunden werden. Bei den polaren Formulierungsadditiven konnte ein Einfluss von der Art des Basispolymers abgeleitet werden.

Die Polymerpartikel im Plastisol werden bei Temperaturerhöhung nur von den unpolaren Formulierungsadditiven gelöst. Die polaren Formulierungsadditive quellen die Polymerpartikel maximal oberflächlich an. Beeinflusst werden kann das Gelierverhalten damit über das Verhältnis von unpolaren zu polaren flüssigen Komponenten. Dabei hängt nur die Intensität, nicht aber die Lage des Gelierpeaks von der Polymerkonzentration im Plastisol ab.

6.4 Mechanische Eigenschaften

Die Beeinflussung der mechanischen Eigenschaften, vor allem des Spannungs-Dehnungs-Verhaltens der ausgelierten Plastisole, kann bei den hier untersuchten Plastisolen durch Auswahl und Kombination verschiedener Ausgangsstoffe erfolgen. Zum Einen ergeben sich durch die Wahl der Anzahl an reaktiven Gruppen im Dispergieradditiv und der polaren bzw. unpolaren Charakteristik des Formulierungsadditivs Variationsmöglichkeiten durch die Additive. Zum Anderen ergeben sich grundsätzlich unterschiedliche Spannungs-Dehnungs-Verhalten durch die ausgewählten Basispolymere.

Neben der Wahl der Ausgangsstoffe ist auch eine Beeinflussung des mechanischen Verhaltens durch die plastisolspezifischen Eigenschaften zu erwarten. Dies trifft vor allem auf die Einstellung der Viskosität durch Variation des Anteils an Formulierungsadditiv sowie des Polymeranteils im Plastisol zu. Die Zusammensetzung der Additive in Abhängigkeit des Verhältnisses von unpolarem zu polarem Anteil sollte genauso einen Einfluss auf die mechanischen Eigenschaften ausüben, wie die gewählte Verarbeitungstemperatur zum Überführen der Plastisole vom flüssigen in den festen Aggregatzustand.

Mit der Aufklärung dieser Einflüsse beschäftigt sich das folgende Kapitel.

6.4.1 Untersuchung von vernetzenden Rezepturen

Die im folgenden untersuchten vernetzenden Plastisolrezepturen basieren auf einer Standardmischung von Basispolymer, Morphologiepolymer und Morphologieadditiv. Die Vernetzungsfähigkeit der Rezepturen wurde durch die Wahl der polaren mehrfunktionellen Komponente als Dispergier- und Formulierungsadditiv gewährleistet. Die Probenherstellung und Konfektionierung kann dem Anhang entnommen werden.

In Abbildung 38 sind die erhaltenen Spannungs-Dehnungs-Verläufe der gelierten Plastisole mit unterschiedlichen Basispolymeren, die nach der vernetzenden Rezeptur formuliert wurden, dargestellt. Die Bruchspannungen der drei resultierenden ausgelierten Plastisole sind ähnlich hoch. In der Bruchdehnung gibt es signifikante Unterschiede. Das gelierte Plastisol auf Basis des LD-PE's weist die geringste, das auf Basis des EPDM's die höchste Bruchdehnung auf. Das ausgelierte Plastisol auf Basis des Ethylen-1-Octens ordnet sich bezüglich der Bruchdehnung zwischen den beiden ein..

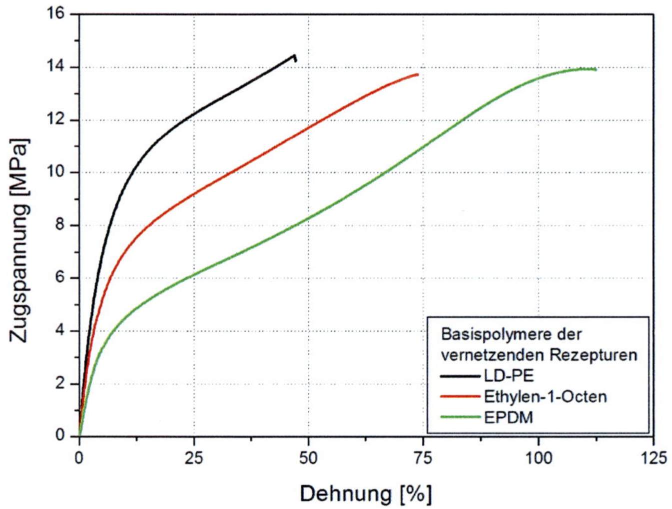

Abbildung 38 Spannungs-Dehnungs-Verhalten der ausgelierten PO-Plastisole nach vernetzender Rezeptur

Die Ähnlichkeit der Spannungs-Dehnungs-Verläufe und der erzielten Bruchspannungen der ausgelierten vernetzten Plastisolrezepturen zeigen, dass das Spannungs-Dehnungs-Verhalten durch die polare mehrfunktionelle Komponente dominiert ist. Wie aus den Untersuchungen zu den Geliereigenschaften in Abschnitt 6.3.3 bekannt ist, werden die Polymerpartikel bei der Verarbeitungstemperatur nicht durch die polaren Additive gelöst. Sie liegen als heterogen verteilte Phase vor. Dass die Polymerpartikel oberflächlich angequollen sind, kann aus den unterschiedlichen Bruchdehnungen der ausgelierten Plastisole geschlossen werden. Die Unterschiede in den Bruchdehnungen resultieren fast ausschließlich aus den Eigenschaften der Basispolymere. Die Bruchdehnung der gelierten Plastisole nimmt indirekt proportional zum Kristallinitätsgrad von EPDM über Ethylen-1-Octen zum LD-PE als Basispolymer ab.

In Abbildung 39 sind die Elastizitätsmoduln der Proben der ausgelierten Plastisole nach vernetzender Rezeptur dargestellt. Das Elastizitätsmodul der Proben nimmt vom LD-PE über das Ethylen-1-Octen zum EPDM basierten ausgelierten Plastisol ab. Die Abnahme des Elastizitätsmoduls vom Ethylen-1-Octen zum EPDM ist größer als die Abnahme des Elastizitätsmoduls vom LD-PE zum Ethylen-1-Octen.

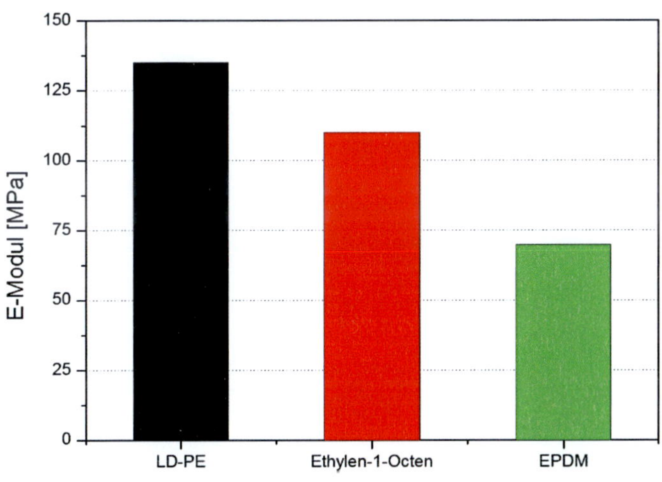

Abbildung 39 Elastizitätsmodul der ausgelierten PO-Plastisole nach vernetzender Rezeptur

Die Differenzierung der Eigenschaften durch die Basispolymere ist bei den Elastizitätsmoduln der ausgelierten Plastisole nach vernetzender Rezeptur deutlich zu erkennen. Je höher der kristalline Anteil im Basispolymer ist, desto höher ist der Elastizitätsmodul der Probe. Da der Elastizitätsmodul im linear-viskoelastichen

Bereich der Proben ermittelt wird, bringen die Polymerpartikel über den gequollenen Bereich ihre Eigenschaften mit ein. Die Abstufungen in den Elastizitätsmoduln entsprechen nicht den Abstufungen bei den reinen Basispolymeren. Daraus kann geschlossen werden, dass die Höhe der erzielten Elastizitätsmoduln wesentlich durch die vernetzende polare difunktionelle Komponente beeinflusst wird.

Die Härte der Proben nach Shore ist in Abbildung 40 dargestellt. Sie nimmt vom EPDM basierten über das Ethylen-1-Octen basierte zum LD-PE basierten ausgelierten Plastisol nach vernetzender Rezeptur zu. Für die EPDM und Ethylen-1-Octen basierten Proben liegen die erzielten Werte im Shore A Härtebereich. Die Werte für die LD-PE basierte Probe liegen im Härtebereich von Shore D.

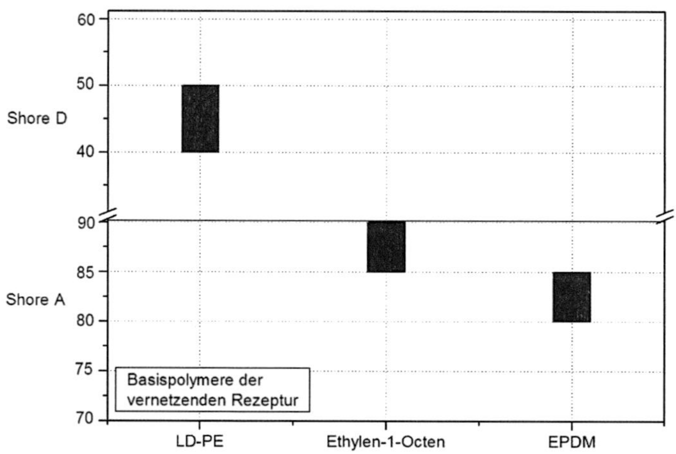

Abbildung 40 Shore Härte der ausgelierten PO-Plastisole nach vernetzender Rezeptur

Auch für die Shore Härte kann ein entsprechender Einfluss der Basispolymere im ausgelierten Plastisol nachgewiesen werden. Je höher die Shore Härte des Basispolymers ist, desto höher ist die Shore Härte des Plastisols nach vernetzender Rezeptur. Dass aber auch die polare difunktionelle Komponente einen wesentlichen Einfluss auf die Shore Härte ausübt, erkennt man an den relativ hohen Werten des EPDM basierten Plastisols.

6.4.2 Untersuchung von teilvernetzenden Rezepturen

Die im Folgenden untersuchten teilvernetzenden Plastisolrezepturen basieren wieder auf der Standardmischung von Basispolymer, Morphologiepolymer und Morphologieadditiv. Die teilvernetzenden Eigenschaften wurden dadurch gewährleistet, dass als Dispergieradditiv eine polare difunktionelle Komponente und als Formulierungsadditiv eine unpolare monofunktionelle Komponente gewählt wurde.

In Abbildung 41 sind die Spannungs-Dehungs-Verläufe der ausgelierten teilvernetzten Plastisole dargestellt. Die Verläufe für die Proben mit der Polymerbasis LD-PE und Ethylen-1-Octen zeigen ein zähelastisches Verhalten. Der Verlauf der EPDM basierten Proben weist auf weichelastisches Verhalten hin. Sie zeigt die höchste Bruchdehnung und die geringste Bruchspannung der teilvernetzten Proben. Die höchste Bruchspannung erzielt die Probe mit dem Basispolymer Ethylen-1-Octen. Dessen Bruchdehnung liegt zwischen der EPDM basierten und LD-PE basierten Probe. Die LD-PE basierte Probe weist somit die niedrigste Bruchdehnung auf und die Bruchspannung ordnet sich zwischen der Ethylen-1-Octen basierten und der EPDM Basierten Proben ein.

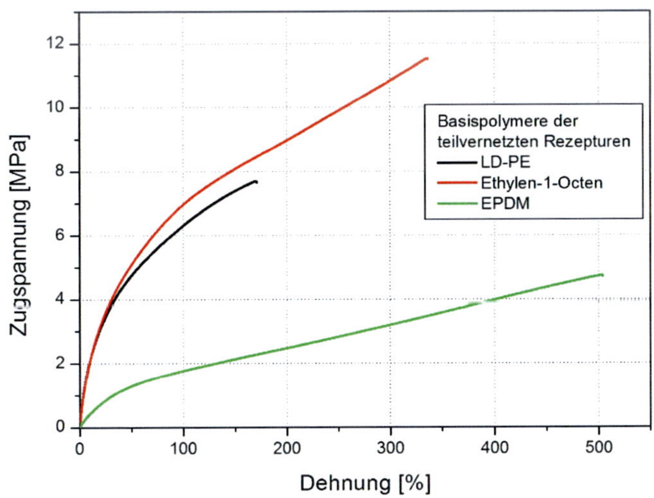

Abbildung 41 Spannungs-Dehnungs-Verhalten der ausgelierten PO-Plastisole nach teilvernetzender Rezeptur

Aufgrund der differenzierten Kurvenverläufe bei den drei Basispolymeren kann geschlussfolgert werden, dass die Polymerpartikel durch das unpolare Formulierungsadditiv so gut gequollen werden, dass sie eine kontinuierliche Polymerphase in den ausgelierten Proben generieren. Die Basispolymere beeinflussen damit aktiv das Spannungs-Dehnungs-Verhalten. Vor allem beim Ethylen-1-Octen und EPDM basierten ausgelierten Plastisol nach teilvernetzter Rezeptur lassen die Kurvenverläufe und die gefundenen Eigenschaften auf eine kontinuierliche aktive Polymerphase schließen. Bei dem ausgelierten Plastisol auf Basis des LD-PE's lässt sich aufgrund des unerwarteten stetigen Kurvenverlaufs und der geringen Dehnung noch ein hoher Beitrag des difunktionellen polaren Dispergieradditivs erkennen. Die normalerweise auftretende Streckgrenze des LD-PE's wird durch das Spanungs-Dehnungs-Verhalten des ausgehärteten difunktionellen polaren Dispergieradditivs überlagert.

Die erzielten Elastizitätsmoduln der teilvernetzten Proben sind in Abbildung 42 dargestellt. Das ausgelierte Plastisol auf Basis LD-PE erzielt den höchste Elastizitätsmodul. Den geringsten Elastizitätsmodul weist die EPDM basierte Probe auf. Die Probe auf Basis des Ethylen-1-Octen ordnet sich in ihrem Elastizitätsmodul zwischen den beiden anderen ein.

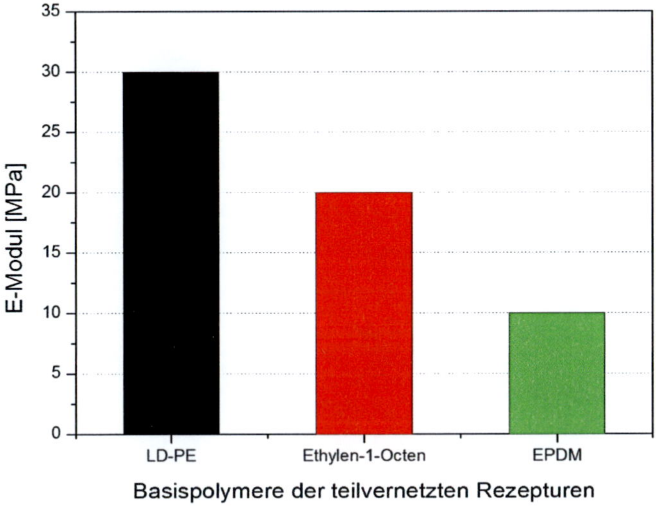

Abbildung 42 Elastizitätsmodul der ausgelierten PO-Plastisole nach teilvernetzender Rezeptur

Im Vergleich zu den vernetzenden Rezepturen sind die Elastizitätsmoduln der teilvernetzenden Rezepturen deutlich geringer. Obwohl die Basispolymere als kontinuierliche Phase in den ausgelierten Plastisolen vorliegen, werden nicht deren Ausgangselastizitätsmoduln erzielt. Dies liegt daran, dass neben der Basispolymerphase eine zweite Phase mit den ausgehärteten Additiven vorliegt. Die Phase der ausgehärteten Additive liefert einen geringeren Beitrag zum Elastizitätsmodul der ausgelierten Plastisole als die Basispolymere. Mit den gewählten Komponenten ist es weder mit dem polaren noch mit dem unpolaren Formulierungsadditiv möglich, die Ausgangswerte des Elastizitätsmoduls der Basispolymere zu erzielen. Sie liegen stets unter den Eigenschaften der reinen Basispolymere.

In Abbildung 43 sind die Shore Härten der ausgelierten Plastisole nach teilvernetzender Rezeptur dargestellt. Alle Werte liegen im Härtebereich des Shore A. Die höchsten Werte werden mit dem Basispolymer LD-PE erzielt. Abgestuft nach unten folgen die Werte für die ausgelierten teilvernetzten Plastisole auf Basis des Ethylen-1-Octen und EPDM. Die Streuung der Werte nimmt deutlich vom LD-PE basierten zum EPDM basierten ausgelierten Plastisol zu.

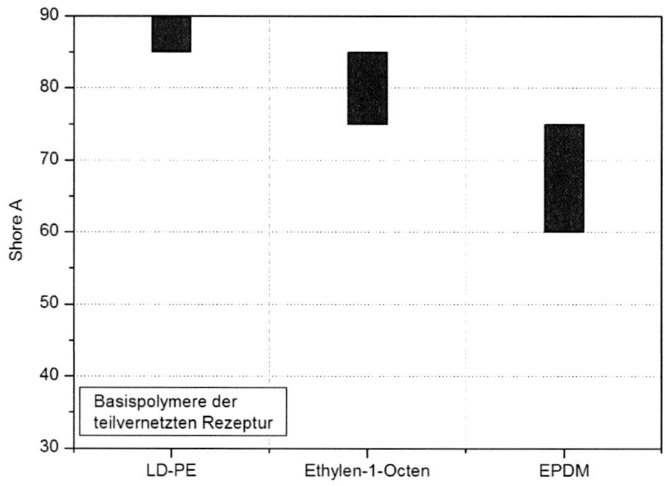

Abbildung 43 Shore Härte der ausgelierten PO-Plastisole nach teilvernetzender Rezeptur

Die Shore Härten sind signifikant niedriger als die der Plastisole nach vernetzender Rezeptur. Dies lässt sich auf die Substitution des polaren difunktionellen durch das unpolare monofunktionelle Formulierungsadditiv zurückführen. Die Vernetzungsdichte wird geringer und dementsprechend die teilvernetzten Proben weicher. Ein Zusammenhang mit den Ausgangseigenschaften der Basispolymere kann nicht hergestellt werden, da die erzielten Eigenschaften teils unter, teils über den Ausgangswerten der reinen Basispolymere liegen. Deshalb ist der Haupteinfluss bei den teilvernetzenden Rezepturen den reaktiven Additiven zuzuschreiben. Die Rangfolge entspricht dann wieder den Eigenschaften der Basispolymere.

6.4.3 Untersuchung von nicht vernetzenden Rezepturen

Die im Folgenden untersuchten nicht vernetzenden Plastisolrezepturen basieren wieder auf der Standardmischung von Basispolymer, Morphologiepolymer und Morphologieadditiv. Die unvernetzten Eigenschaften der ausgelierten Plastisole werden durch die Wahl eines polaren monofunktionellen Dispergieradditivs und eines unpolaren monofunktionellen Formulierungsadditivs gewährleistet. Die einzig verbleibende vernetzende Eigenschaft ist mit dem Ethylidennorbornen im Basispolymer EPDM gegeben. Der Anteil ist mit 0,5 %, bezogen auf das EPDM, sehr gering.

Das Spannungs-Dehnungs-Verhalten der unvernetzten Proben ist in Abbildung 44 dargestellt. Die höchste Bruchdehnung wird mit dem EPDM basierten ausgelierten unvernetzten Plastisol erzielt. Die Bruchdehnung mit dem Ethylen-1-Octen als Basispolymer ist etwas geringer. Deutlich geringer ist die Bruchdehnung der LD-PE basierten Probe. Hinsichtlich der Bruchspannung erzielen die Proben auf Basis von LD-PE und EPDM nahezu die gleichen Werte. Eine deutlich höhere Bruchspannung hat die auf Ethylen-1-Octen basierende Probe. Die Kurvenverläufe für die EPDM und Ethylen-1-Octen basierten Proben weisen auf ein elastomerähnliches Verhalten hin.

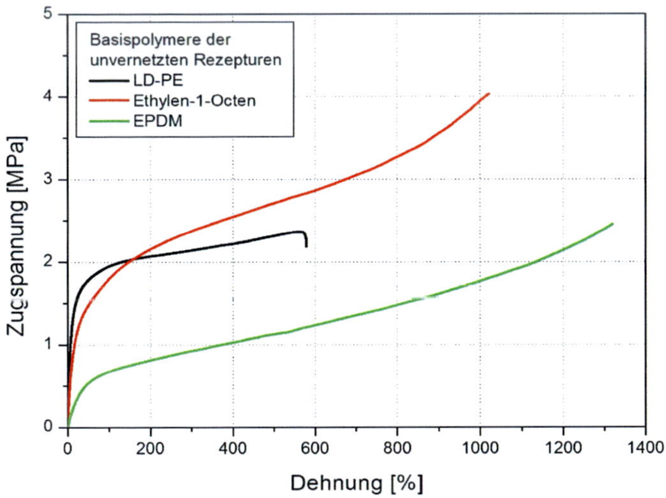

Abbildung 44 Spannungs-Dehnungs-Verhalten der ausgelierten PO-Plastisole nach nicht vernetzender Rezeptur

Das Spannungs-Dehungs-Verhalten der nicht vernetzenden ausgelierten Plastisole wird von den Basispolymeren dominiert. Ein aktiver Einfluss der Additive, wie bei den teilvernetzenden Proben festgestellt, ist für diese nicht ersichtlich. Ein passiver Einfluss kann aus den geringen Festigkeiten abgeleitet werden. Vor allem die ausgehärteten polaren Additive bilden eine heterogene Phase, die eine Querschnittreduzierung des Basispolymers in der Probe zur Folge hat. Da die Festigkeit bei den unvernetzten Proben hauptsächlich durch die Basispolymere bewirkt wird, hat die Querschnittreduzierung des Basispolymers eine deutliche Reduzierung der Festigkeit zur Folge. Die Reduzierung des Querschnitts der Basispolymere hat auf die Dehnbarkeit der Proben keinen Einfluss. Die Bruchdehnungen entsprechen weitestgehend den Bruchdehnungen der Basispolymere. Aus den Ergebnissen kann geschlussfolgert werden, dass das Spannungs-Dehnungs-Verhalten bei hoher Vernetzungsdichte hauptsächlich durch die Additive und bei geringer Vernetzungsdichte hauptsächlich durch die Basispolymere beeinflusst wird.

Die bei den unvernetzten ausgelierten Plastisolen gefundenen Elastizitätsmoduln sind in Abbildung 45 dargestellt. Den höchste Elastizitätsmodul weist die Probe auf Basis des LD-PE's auf. Deutlich kleiner ist der Elastizitätsmodul der Ethylen-1-Octen basierten Probe. Am geringsten ist der Elastizitätsmodul der Proben auf Basis des EPDM's.

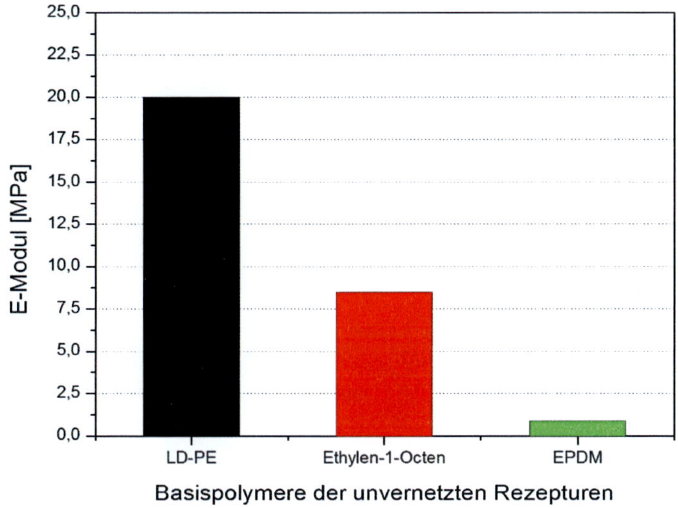

Abbildung 45 Elastizitätsmodul der ausgelierten PO-Plastisole nach nicht unvernetzender Rezeptur

Der Elastizitätsmodul nimmt von den teilvernetzten zu den unvernetzten Proben deutlich ab. Der wesentliche Unterschied in den Proben besteht in der Art des Dispergieradditivs. Bei den teilvernetzten war dies ein difunktionelles, bei unvernetzten ein monofunktionelles. Somit kann der deutlich geringere Elastizitätsmodul der unvernetzten Proben auf den fehlenden vernetzenden Anteil des Dispergieradditivs zurückgeführt werden. Das heißt also, dass der Elastizitätsmodul der gelierten Plastisole hauptsächlich von der Wahl der Additive abhängt. Der Elastizitätsmodul der Basispolymere bewirkt nur eine geringe Differenzierung dem Elastizitätsmodul der ausgelierten Plastisole.

In Abbildung 46 sind die Härteeigenschaften der ausgelierten unvernetzten Plastisole nach Shore zu sehen. Die Shore Härte nimmt vom EPDM über das Ethylen-1-Octen zum LD-PE basierten ausgelierten Plastisol zu. Dabei ist der Unterschied zwischen LD-PE und Ethylen-1-Octen relativ gering. Die Härte des EPDM basierten Plastisols ist deutlich geringer. Alle Werte befinden sich im Shore A Härtebereich.

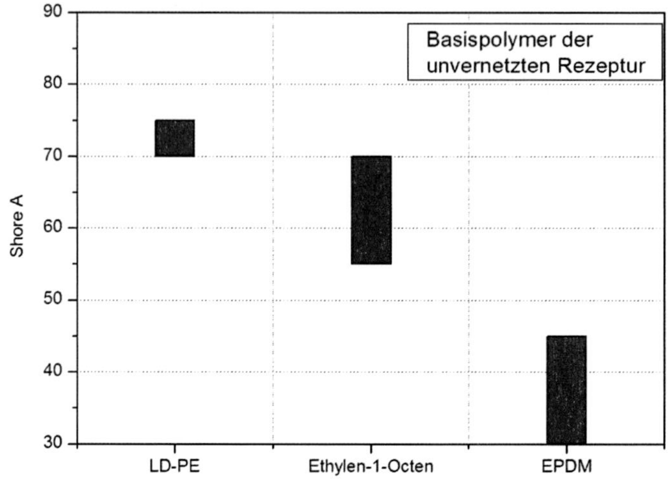

Abbildung 46 Shore Härte der ausgelierten PO-Plastisole nach nicht vernetzender Rezeptur

Die Wahl des Additivs hat den größten Einfluss auf die Shore Härte des EPDM basierten Plastisols. Am geringsten wirkt sich dieser Einfluss in dem LD-PE basierten ausgelierten Plastisol aus. Dementsprechend kann abgeleitet werden, dass der Einfluss der Wahl des Additivs auf die Shore Härte besonders stark bei Basispolymeren mit niedrigem kristallinen Anteil ist. Je höher der kristalline Anteil ist, desto mehr wird die Shore Härte von den Werten des Basispolymers beeinflusst.

6.4.4 Untersuchung der Viskositätsabhängigkeit der mechanischen Eigenschaften

Die Untersuchung der Viskositätsabhängigkeit der mechanischen Eigenschaften wurde am Beispiel der teilvernetzenden Rezeptur des Ethylen-1-Octen Plastisols durchgeführt. Die Viskositäten wurden über den Anteil an unpolarem monofunktionellen Formulierungsadditiv in der Rezeptur eingestellt.

Die erhaltenen Ergebnisse sind in Abbildung 47 dargestellt. Die Bruchspannung ändert sich über den untersuchten Viskositätsbereich nur geringfügig. Sie ist nahezu konstant. Keine signifikante Abhängigkeit ergibt sich für die Bruchdehnung. Sie zeigt nur geringe Schwankungen. Der Elastizitätsmodul nimmt mit kleiner werdender Viskosität linear ab.

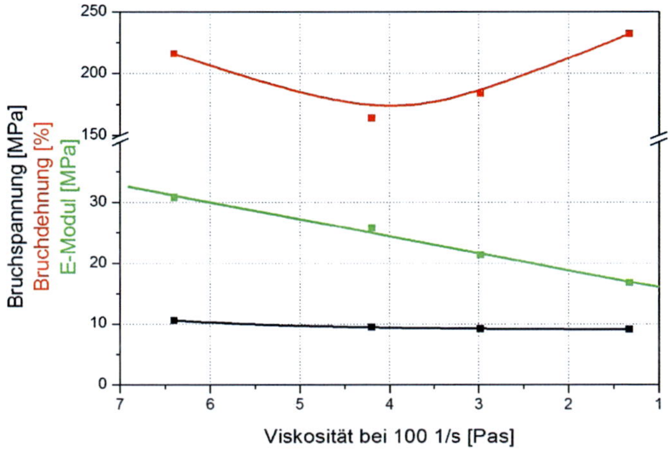

Abbildung 47 Einfluss der Viskosität auf die mechanischen Eigenschaften des gelierten Plastisols auf Basis Ethylen-1-Octen nach teilvernetzender Rezeptur

Die geringe Änderung der Bruchspannung ist damit zu begründen, dass das Spannungsverhalten der teilvernetzten Probe auf Basis des Ethylen-1-Octen im wesentlichen vom Basispolymer bestimmt wird. Da sich über den untersuchten Viskositätsbereich die Konzentration des Basispolymers nur geringfügig ändert, ist entsprechend auch die Änderung der Bruchspannung gering. Aus dem gleichen Grund ergeben sich keine signifikanten Änderungen in der Bruchdehnung. Die deutliche Abhängigkeit des Elastizitätsmoduls von der Viskosität resultiert daraus, dass mit geringerer Viskosität mehr monofunktionelles unpolares Formulierungsadditiv zum Plastisol zugesetzt wird. Dadurch sinkt der relative Anteil der difunktionellen Additive und damit die Vernetzungsdichte im ausgelierten Plastisol. Durch die geringere Vernetzung ergibt sich ein signifikanter Einfluss auf den Elastizitätsmodul.

6.4.5 Einfluss der Polymerkonzentration auf spezifische Eigenschaften

Das teilvernetzte Plastisol auf EPDM Basis wurde exemplarisch für die Beurteilung des Einflusses der Polymerkonzentration auf die mechanischen Eigenschaften im ausgelierten Zustand untersucht. Bei den Versuchen wurde die Zusammensetzung von unpolaren und polaren Additiven immer auf das gleiche Verhältnis eingestellt. Somit sollte das Polymer in den Untersuchungen immer gleich stark von den Additiven gelöst werden.

Die Abhängigkeiten der untersuchten mechanischen Eigenschaften von der Polymerkonzentration im ausgelierten Plastisol sind in Abbildung 47 dargestellt. Die Bruchspannung liegt bei der niedrigen Polymerkonzentration von 37,5 % deutlich höher als die Bruchspannungen bei höherem Polymeranteil im ausgelierten Plastisol. Mit höheren Polymerkonzentrationen unterscheiden sich die Bruchspannungen nicht mehr signifikant. Die Bruchdehnung hingegen nimmt mit zunehmender Polymerkonzentration deutlich zu. Der Elastizitätsmodul dagegen nimmt mit zunehmender Polymerkonzentration stetig ab.

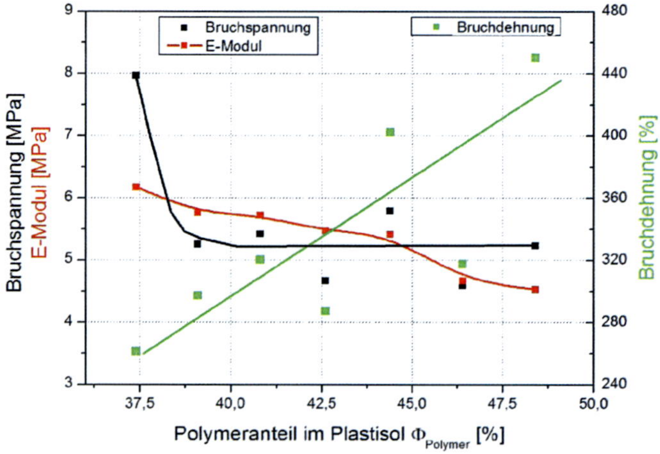

Abbildung 48 Mechanische Eigenschaften des gelierten Plastisols auf EPDM Basis in Abhängigkeit der Polymerkonzentration bei gleichem Verhältnis der unpolaren und polaren Komponenten

Die deutlich höhere Bruchspannung bei einer Polymerkonzentration von 37,5 % kann damit erklärt werden, dass der polare vernetzende Additivanteil im Plastisol so hoch ist, dass die Zugeigenschaften mehr von dem polaren Additiv als von dem Polymer beeinflusst werden. Durch die vernetzende Funktion im polaren Additiv werden höhere Festigkeiten erzielt. Bei höherer Polymerkonzentration als 37,5 % scheint der Einfluss des Polymeren zu dominieren. Für die Bruchdehnung dagegen kann beobachtet werden, dass die Werte mit der Polymerkonzentration stetig zunehmen. Mit der zunehmenden Polymerkonzentration wird der Anteil an vernetzendem polaren Additiv im gleichen Maße geringer. Dadurch wird die Vernetzungsdichte im ausgelierten Plastisol mit höheren Polymerkonzentrationen immer niedriger. Dadurch können höhere Bruchdehnungen realisiert werden. In analoger Weise kann der Elastizitätsmodul beurteilt werden. Das untersuchte Plastisol enthält als Polymerbasis das niedrig kristalline EPDM. Wie aus den vorangegangenen Untersuchungen bekannt ist, hängt der Elastizitätsmodul bei Plastisolen mit Basispolymeren mit geringem kristallinen Anteil stark von der Funktionalität der Additive ab. Da das difunktionelle Additiv mit zunehmender Polymerkonzentration mit seinem Anteil im Plastisol abnimmt, wird auch der Elastizitätsmodul stetig geringer.

6.4.6 Einfluss des Verhältnisses von unpolarem zu polarem flüssigem Additiv

Im Folgenden soll der Einfluss des Verhältnisses von unpolarem zu polarem Additiv auf die mechanischen Eigenschaften näher betrachtet werden. Die Untersuchungen wurden wieder am Beispiel des teilvernetzenden Plastisols auf Basis des EPDM's durchgeführt. Die Polymerkonzentration wurde bei den Untersuchungen konstant gehalten. Nur das Verhältnis zwischen unpolarem und polarem Additiv wurde variiert.

In Abbildung 49 sind die Ergebnisse für die untersuchten mechanischen Eigenschaften in Abhängigkeit des Anteils des unpolaren Additivs an den flüssigen Additiven dargestellt. Die Bruchspannung nimmt mit zunehmendem Anteil an unpolarem Additivs leicht ab. Die Bruchdehnung dagegen nimmt dabei deutlich zu. Der Elastizitätsmodul verhält sich entgegengesetzt zur Bruchdehnung. Sie nimmt deutlich ab mit größer werdendem Anteil des unpolaren Additivs.

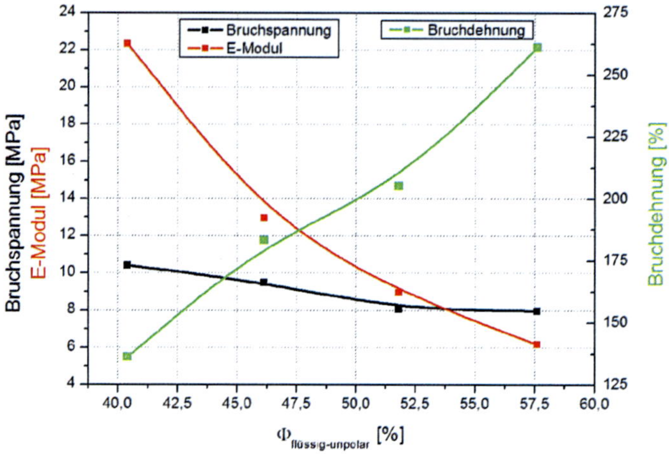

Abbildung 49 Mechanische Eigenschaften des Plastisols auf EPDM Basis in Abhängigkeit des Anteils des unpolaren Additivs an den flüssigen Additiven

Die geringe Abnahme der Bruchspannung mit zunehmendem Anteil des unpolaren Additivs zeigt, dass die Bruchspannung nur in geringem Maße von diesem Verhältnis abhängt. Aufgrund der guten Solvatation des Polymers in den Additiven und der nur vorliegenden Teilvernetzung im Plastisol hängt die Bruchdehnung im wesentlichen vom Basispolymer ab. Da die Polymerkonzentration bei diesen Untersuchungen konstant gehalten wurde, ist nur der kleine Einfluss der geringer werdenden Vernetzungsdichte mit zunehmendem unpolaren Anteil im Verhalten der Bruchdehnung zu sehen. Bei der Bruchdehnung ist ein deutlicher Einfluss des Anteils an unpolarem Additiv zu erkennen. Mit zunehmendem Anteil wird der Einfluss des hoch dehnbaren EPDM deutlicher. Bei niedrigen Anteilen des unpolaren Additivs kann aus der geringen Bruchdehnung noch ein dominierender Einfluss des difunktionellen polaren Additivs abgeleitet werden. Bei dem Elastizitätsmodul ist wieder davon auszugehen, dass die Abnahme der Vernetzungsdichte mit zunehmendem Anteil des unpolaren monofunktionellen Additivs die Eigenschaften zu deutlich niedrigeren Werten verschiebt.

6.4.7 Einfluss der Verarbeitungstemperatur auf die mechanischen Eigenschaften

Aus den Untersuchungen der Abhängigkeit der mechanischen Eigenschaften von der Verarbeitungstemperatur können Quellungseigenschaften der Polymere in den Additiven abgeleitet werden. Da, wie in den vorausgegangenen Kapiteln gezeigt wurde, die Geliereigenschaften der Polymerpartikel in den Additiven davon abhängen ob, diese polar bzw. unpolar sind, wurden zwei entsprechende Plastisole untersucht. Als Polymerbasis für die Plastisole wurde wieder auf das EPDM zurückgegriffen. Die Zusammensetzung der Plastisole unterscheidet sich hier nur im Formulierungsadditiv, das polar bzw. unpolar ist.

Die sich ergebenden Bruchspannungen in Abhängigkeit von der Verarbeitungstemperatur sind in Abbildung 50 dargestellt. Die Bruchspannungen der polaren und unpolaren Formulierung nehmen bis zur Verarbeitungstemperatur von 140 °C zu. Die Bruchspannung der polaren Formulierung bleibt bei höheren Verarbeitungstemperaturen nahezu konstant. Die unpolare Formulierung führt ebenfalls mit höheren Verarbeitungstemperaturen zu Bruchspannungen, die sich in einem konstanten Bereich bewegen. Jedoch fällt bei einer Verarbeitungstemperatur über 190 °C die Bruchspannung deutlich ab.

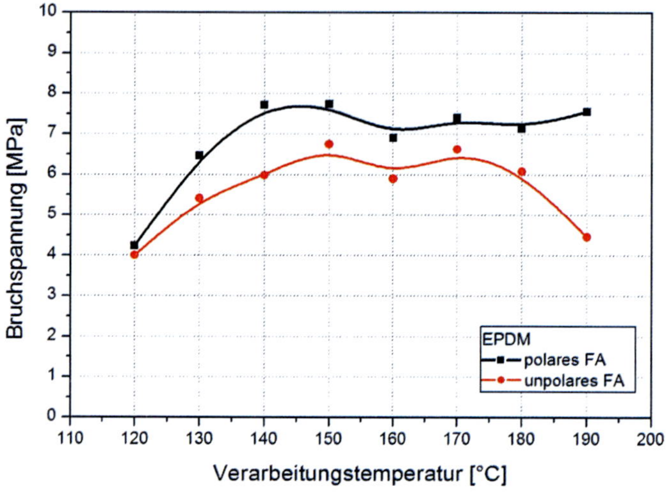

Abbildung 50 Einfluss der Verarbeitungstemperatur auf die Bruchspannung des gelierten Plastisols auf EPDM Basis mit unpolarem und polarem Formulierungsadditiv

Die Anstiege der Bruchspannungen bei den niedrigen Verarbeitungstemperaturen können durch eine noch unvollständige Gelierung der Plastisole erklärt werden. Für die polare Formulierung ist der noch nicht abgeschlossene Quellungsvorgang der Partikel durch die Additive die Ursache. Erst bei Verarbeitungstemperaturen von 140 °C werden die Partikel gleichmäßig gequollen und es ergeben sich somit gleich bleibende Bruchspannungen. Für die unpolare Formulierung kann davon ausgegangen werden, dass die Polymerpartikel bei Verarbeitungstemperaturen von unter 140 °C noch nicht vollständig solvatisiert sind. Erst ab 140 °C haben sich die Additive homogen in dem Polymer gelöst und es ergeben sich somit konstante Bruchspannungen. Die Abnahme der Bruchspannung für die unpolare Formulierung bei 190 °C lässt sich mit einen thermischen Abbau der unpolaren Formulierungsadditivkomponente begründen.

Die Abhängigkeiten der Bruchdehnung von der Verarbeitungstemperatur für die polare bzw. unpolare Formulierung sind in Abbildung 51 zu sehen. Beide Formulierungen weisen zum Anfang einen Anstieg der Bruchdehnung mit der Verarbeitungstemperatur auf. Jedoch stellt sich ab 130 °C bereits eine annähernd konstante Bruchdehnung ein, die erst ab 180 °C für die polare Formulierung wieder zunimmt bzw. für die unpolare Formulierung abnimmt.

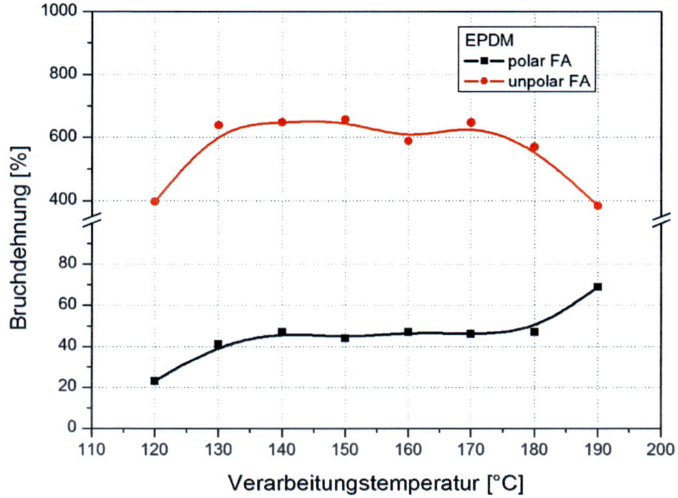

Abbildung 51 Einfluss der Verarbeitungstemperatur auf die Bruchdehnung des gelierten Plastisols auf EPDM Basis mit unpolarem und polarem Formulierungsadditiv

Die Anstiege der Bruchdehnungen bei den Verarbeitungstemperaturen von 120 auf 130 °C lassen sich wieder mit den noch nicht vollständig abgeschlossenen Gelierprozessen begründen. Für die polare Formulierung liegt eine unvollständige Quellung der Polymerpartikel vor und eine unvollständige Solvatisierung für die unpolare Formulierung. Auch das Abnehmen der Bruchdehnung ab 190 °C für die unpolare Formulierung kann mit einem thermischen Abbau des unpolaren Formulierungsadditivs erklärt werden. Ab 190 °C scheinen auch die polaren Komponenten vermehrt Wechselwirkungen mit dem Polymer einzugehen. In Folge dessen wird es zunehmend solvatisiert und die Bruchdehnung steigt.

6.4.8 Zusammenfassung

Die durchgeführten Untersuchungen haben gezeigt, dass mit den Polymerkomponenten und den Additivkomponenten die mechanischen Eigenschaften der ausgelierten Plastisole gleichermaßen beeinflusst werden können. Das Spannungs-Dehnungs-Verhalten wird bei hoher Vernetzungsdichte im Plastisol überwiegend durch die Additive beeinflusst. Bei niedrigerer Vernetzungsdichte können die erzielten Eigenschaften überwiegend den Polymeren zugeordnet werden. Der Elastizitätsmodul wird hauptsächlich durch die Funktionalität der Additive bestimmt. Je höher die Vernetzungsdichte, desto höher ist der Elastizitätsmodul. Der Polymereinfluss ist dabei nur durch leichte Abstufungen in dem Elastizitätsmodul zu erkennen. Für die Shore Härte wurde gefunden, das mit geringer werdender Kristallinität der Polymerkomponente im Plastisol sich ein größer werdender Einfluss der Funktionalität der Additive zeigt. Die Untersuchungen der Einflüsse der plastisolspezifischen Eigenschaften auf die mechanischen Eigenschaften konnten die gefundenen Zusammenhänge bestätigen.

7 Zusammenfassung und Ausblick

Aus den Quellungsuntersuchungen der Basispolymere ergab sich, dass aus thermodynamischer Sicht die überwiegend unpolaren Morphologieadditive teilverträglich und die polaren Dispergieradditive unverträglich mit dem Basispolymeren sind. Die Verträglichkeit der Additive mit den Basispolymer kann durch Verringerung der Anzahl an Repetiereinheiten im Additivmolekül oder durch die Bevorzugung der Methacrylate als reaktive Gruppe gegenüber den Acrylaten erhöht werden. Bezüglich der Basispolymere führt ein geringerer kristalliner Anteil zu einer besser Verträglichkeit mit den Additiven.
Für die Morphologiepolymere wurde festgestellt, dass aus thermodynamischer Sicht die überwiegend unpolaren Morphologieadditive sehr gut verträglich und die Dispergieradditive teilverträglich mit den Morphologiepolymeren sind. Auch hier konnte eine Verbesserung der Verträglichkeit der Additive mit den Morphologiepolymeren durch Reduzierung der Anzahl der Repetiereinheiten im Additivmolekül bzw. eine höhere Verträglichkeit der Methacrylatfunktion im Vergleich zur Acrylatfunktion gefunden werden. Für die Morphologiepolymere konnte gezeigt werden, dass die Verträglichkeit mit dem Morphologieadditiv am höchsten ist, wenn die gepfropften Moleküle auf dem Morphologiepolymer überwiegend polar sind und ein geringes hydrodynamisches Volumen aufweisen. Eine besser Verträglichkeit der Morphologiepolymere mit den Dispergieradditiven konnte für das Morphologiepolymer mit gepfopften Molekülen mit hoher Polarität und einem großen hydrodynamischen Volumen ermittelt werden. Zudem konnte abgeleitet werden, dass die Eignung des Dispergieradditivs nur von dessen polaren Eigenschaften abhängt. Die Eignung kann über einen, aus einer Vielzahl von praktischen Versuchen festgelegten empirischen Schwellwert aus den Quellungseigenschaften mathematisch abgeleitet werden.

Mit den Untersuchungen zur Inhibierung der Autopolymerisation der Additive zeigte sich, dass aktive Inhibitoren eine im Vergleich zu den passiven bessere, aber auf die Acrylatfunktionen begrenzte Wirkung haben. Die passiven Inhibitoren zeigten dagegen sowohl bei den Acrylaten als auch bei den Methacrylaten eine gute Wirkung. Bezüglich des Einflusses der chemischen Natur und Funktionalität konnte herausgefunden werden, dass polare Repetiereinheiten und eine Methacrylatfunktion in den Additiven zu schlechteren Inhibierungswirkungen führen als für unpolare Repetiereinheiten und eine Acrylatfunktion im Additiv. Zudem wird die Inhibierung durch geringere Scherung und durch Polymere mit niedriger Schmelzeviskosität zusätzlich verbessert.

Der mittlere Partikeldurchmesser der polyolefinischen Dispersionen kann in Grenzen durch die Anzahl der Repetiereinheiten im Dispergieradditiv und dessen Anteil in der polyolefinischen Dispersion beeinflusst werden. Für die Anzahl der Repetiereinheiten konnte herausgefunden werden, dass es ein Optimum in der Anzahl der Repetiereinheiten gibt, während durch Erhöhung des Dispergieradditiv-Anteils eine stetige Verringerung des Partikeldurchmessers bewirkt wird.
Aus den Untersuchungen zur Formulierung von Plastisolen aus den polyolefinischen Dispersionen konnte für unpolare Formulierungsadditive ein aktiver Einfluss der Polymerpartikel auf das Viskositäts- und das Fließverhalten gefunden werden. Durch das Anquellen der Polymerpartikel mit den unpolaren Formulierungsadditiven finden direkte Wechselwirkungen statt. Mit den polaren Formulierungsadditiven konnte der Einfluss des kristallinen Anteils der Basispolymere auf das Viskositäts- und Fließverhalten festgestellt werden. Je geringer dieser ist, desto größer ist die Tendenz, Energie reversibel in die Deformation der Polymerpartikel zu übertragen, wodurch ein Viskositätsanstieg zu verzeichnen ist.
Für das Gelierverhalten der Plastisole wurde ermittelt, dass die Formulierungen mit polaren Formulierungsadditiven zu einer nur geringen Quellung der Polymerpartikel führen. Bei den unpolaren Formulierungsadditiven konnte eine deutliche Quellung der Polymerpartikel nachgewiesen werden. Das Geliermaximum ist bei den Plastisolen nur abhängig von dem Verhältnis von unpolaren zu polaren Additiven im Plastisol. Der Anteil an Additiven im Plastisol wirkt sich nur in der Intensität des Phasenverschiebungswinkels aus.

Mit den untersuchten Systemen konnte eine gezielte Generierung von unterschiedlichem mechanischem Verhalten erreicht werden. Die Eigenschaften der Polymerkomponenten sowie die unpolare bzw. polare Charakteristik und die Anzahl an reaktiven Gruppen in den Additiven erlauben diese gezielte Beeinflussung. Das Spannungs-Dehnungs-Verhalten wird bei hoher Vernetzungsdichte durch die Additive bestimmt. Bei geringerer werdender Vernetzungsdichte überwiegen die Polymereigenschaften zunehmend. Der Elastizitätsmodul der gelierten Plastisole wird hauptsächlich durch die Additive bestimmt. Die Einzeleigenschaften der Basispolymere können über eine Abstufung in den Elastizitätsmoduln abgeleitet werden. Für die Shore Härte gilt, je höher der kristalline Anteil im Basispolymer ist, desto geringer ist der Einfluss der Funktionalität der Additive.

Mit den Ergebnissen dieser Arbeit lassen sich die polyolefinischen Plastisole in definierter Weise herstellen und in ihrem Eigenschaftsprofil für spätere Anwendungen gezielt beeinflussen. Die Vorzüge der einfachen Verarbeitungstechnologien der Plastisolverarbeitung können nun auch mit den hier untersuchten polyolefinbasierten Plastisole genutzt werden. In Abbildung 52 sind Einsatzmöglichkeiten mit den auf Basis dieser Arbeit hergestellten Plastisolen in plastisoltypischen Anwendungen zu sehen. Die Anwendungsmöglichkeiten können einfache Gewebebeschichtungen, bei denen es auf ein möglichst geringes Flächengewicht und hohe Stabilität, verbunden mit einer guten Flexibilität ankommt, sein. Aber auch kompliziertere geschäumte Gewebebeschichtungen, bei denen eine gute Abriebfestigkeit und Bedruckbarkeit gewünscht ist, sind auf Basis dieser PO-Plastisole möglich. Auch Tauchbeschichtungen, bei denen ein exakt mit dem Temperaturprofil der Verarbeitungsanlagen abgestimmtes Gelierverhalten des Plastisols gefordert ist, konnten realisiert werden.

a b c

Abbildung 52 Einsatzmöglichkeiten der erforschten PO-Plastisole in plastisoltypischen Anwendungen (a = Gewebebeschichtungen; b = verschäumte Gewebebeschichtungen; c = Kleiderbügel aus Tauchbeschichtung)

d e f

Abbildung 53 Neue Anwendungsfelder für Plastisole (d = verkapselter RFID-Chip; e = verkapselte Photovoltaikzelle; f = mikrospritzgieß Körper)

Mit den PO-Plastisolen ergeben sich neue Anwendungsfelder für die Plastisolmaterialien. In Abbildung 53 sind einige Anwendungsbeispiele dargestellt. Als Schutz gegen Abrieb und basische Waschlaugen kann das PO-Plastisol für die Verkapslung von RFID-Chips eingesetzt werden. Vor allem die gute UV- und Witterungsbeständigkeit spezieller, auf Basis dieser Arbeit entwickelter, PO-Plastisole ermöglichen den Einsatz als Verkapslungsmaterial von Photovoltaikzellen in der anspruchsvollen Solarindustrie. Neueste Untersuchungen ergaben nicht nur, dass sich die Plastisole über Flüssigspritzguss verarbeiten lassen, sondern damit auch kleinste Teile im Mikrometerbereich gespritzt werden können.

Die in dieser Arbeit grundlegend erforschten Beziehungen, Abhängigkeiten und Systematiken des in den Patenten EP 1332165 (B1) bzw. US 6,756,450 B2 veröffentlichten Verfahrenswege zur PO-Plastisol-Herstellung bieten eine Vielzahl von wertvollen Möglichkeiten für den späteren Einsatz dieser Plastisole. Sie ermöglichen auch eine kontinuierliche Herstellung mittels Extruder und liefern somit die Grundlage für den wirtschaftlichen Einsatz.

8 Literaturverzeichnis

[1] Sarvetnick A. H.: *Introduction: Plastisols and Organosols.* Van Nostrand Reinhold Company; 1972; p. 1.

[2] EP 1332165 (B1)

[3] Lampertheim K. K., Lampertheim A. S.: *Schwermetallfreie Stabilisierungssysteme für Weich-PVC.* Fachtagung PVC-Pasten; Würzburg; 19 – 20 Sep. 2007

[4] Hohennadel H., Rehm T., Medien O.: *Polyvinylchlorid PVC.* Kunststoffe 10/2005; p. 38 – 43

[5] Schneidermeier J.: *Pasten-PVC für den Automobilinnenraum.* Fachtagung PVC-Pasten; Würzburg; 19 – 20 Sep. 2007

[6] US 2004059023 (A1)

[7] JP 2005060712 (A)

[8] RU 2299892 (C1)

[9] JP 2006077083 (A)

[10] EP 1371674 (A1)

[11] JP 2004352846 (A)

[12] Global Automotive Declarable Substance List; http://www.gadsl.com/

[13] Ceresana Research: *Marktstudie Weichmacher (UC-205).* http://www.ceresana.com/de/marktstudien/additive/weichmacher/

[14] Werner C. A.: *The Resins: Plastisols and Organosols.* Van Nostrand Reinhold Company; 1972; p. 7 – 23

[15] (Menges, Michaeli, Bittner) Lemmens J.: *Recycling von Kunststoffen.* Carl Hanser- Verlag; 1992; p. 234 – 242

[16] Interne Arbeit IKTR e.V. Dr. Frangov

[17] Elias H.-G.: *Polymere: Von Monomeren und Makromolekülen zu Werkstoffen.* Hüthig Wepf Verlag; 1996; p. 173 – 184

[18] Lechner M. D., Gehrke K., Nordmeier E.H.: *Makromolekulare Chemie. 3. Auflage.* Birkhäuser Verlag; 2003; p. 54 - 62

[19] Lechner M. D., Gehrke K., Nordmeier E.H.: *Makromolekulare Chemie. 3. Auflage.* Birkhäuser Verlag; 2003; p. 476 - 483

[20] Moad G.: *The synthesis of polyolefin graft copolymers by reactive extrusion.* Prog. Polym. Sci.; 24/1999; p. 81 - 142

[21] Chandranupap R., Bhattacharya S. N.: *Reactive Processing of Polyolfins with MAH and GMA in the Presence of Various Additives.* J. Appl. Polym. Sci.; 78/2000; p. 2405 - 2415

[22] Cutié S. et al.: *The Effects of MeHQ on the Polymerization of Acrylic Acid in the Prepartation of Superabsorbent Gels.* J. Appl. Polym. Sci.; 64/1997; p. 577 - 589

[23] Kurland J. J.: *Quantitative Aspects of Synergistic Inhibition of Oxygen and p-Methoxyphenol in Acrylic Acid Polymerization.* J. Polym. Sci., Polym. Chem. Ed.; 18/1980; p. 1139 - 1145

[24] Michaeli W.: *Einführung in die Kunststoffverarbeitung.* 3. Auflage; Hanser Verlag; 1992; p. 28 - 29

[25] Menges G., Haberstroh E., Michaeli W., Schmachtenberg E.: *Werkstoffkunde Kunststoffe.* 5. völlig überarbeitete Auflage; Hanser Verlag; 2002; p. 97 – 99

[26] Lainé C., Cassagnau P.: *Prediction of Zero Shear Viscosity of Poly(Vinyl Chloride) Plastisols,* Appl. Rheo.; 16/2006; p. 136 – 144

[27] Guyot A., Chu F., Schneider M., Graillat C. McKenna T.: *High solid content letexes,* Prog. Polym. Sci.; 27/2002; p. 1573 – 1615

[28] Schmidel H.: *Handbuch der Kunststoffprüfung.* Hanser Verlag; *1992; p. 65 – 66*

[29] Nakajima N., Isner J. D., Harrell E. R., Daniels C. A.: *Dependence of Gelation and Fusion Behavior of Poly(vinyl chlorid) Plastisols upon Particle Size and Size Distribution.* Polymer Journal; Vol. 13; 10/1981; p. 955 – 965

[30] Nakajima N., Ward D. W.: *Gelation and fusion profiles of PVC dispersion resins in plastisols.* J. Appl. Polym. Sci.; Vol. 28; 2/2003; p. 807 – 822

[31] Boudhani H., Lainé C., Fulchiron R., Cassagnau P.: *Rheology and gelation kinetics of PVC plastisol.* Rheol. Acta; 46/2007; p. 825 – 838

[32] Marcilla A., Garciá J. C.: *Qualitative model for viscoelastic measurement during gelation and fusion of PVC plastisols.* Eur. Polym. J.; Vol. 34; 9/1998; p. 1341 - 1348

[33] Schmidel H.: *Handbuch der Kunststoffprüfung.* Hanser Verlag; *1992; p. 85 – 93*

[34] López J., Balart R., Jiménez A.: *Influence of Crystalinity in the Curing Mechanism of PVC Plastisols.* J. App. Polym. Sci.; 91/2004; p. 538 - 544

[35] Produktdatenblätter der Firma Dow Plastics

[36] Produktdatenblatt von Lyondell Basell Industries

[37] WO9856746

Formelverzeichnis

a		Aktivitätskoeffizient
f		Anzahl der reaktiven Gruppen pro Additivmolekül
f_a		Radikalausbeutefaktor
f_{real}		Faktor der spezifischen Quellungsgeschwindigkeit von di- zu monofunktionalisierten reaktiven Gruppen
ΔH_m	[J mol^{-1}]	Mischungsenthalpie
k	[s^{-1}]	Geschwindigkeitskonstante
k_{krit}		Kritische Quellungsgeschwindigkeit
k_{spe}	[s^{-1} n_{Re}^{-1}]	Spezifische Quellungsgeschwindigkeit
$m_{I,LSM}$	[g]	Masse Inhibitor, Lösungsmittel
$M_{I,\,LSM}$	[g mol^{-1}]	Molmasse Inhibitor, Lösungsmittel
n	[mol]	Stoffmenge
Δn_i	[ppm]	Inhibitorverbrauch pro mol reaktiver Gruppe
$n_{I,\,LSM,\,fG}$	[mol]	Stoffmenge Inhibitor, Lösungsmittel, funktionelle Gruppen
$n_{p\text{-}Re;krit}$	[mol]	Grenzmenge an polaren Repetiereinheiten
N_A		Avogadro-Konstante
N_g		Zahl der Gitterplätze
ΔG_m	[J mol^{-1}]	Freie Mischungsenthalpie
ΔG^0_m	[J mol^{-1}]	Freie molare Mischungsenthalpie
Q	[%]	Quellung
r_i	[ppm s^{-1}]	Inhibitorverbrauch bezogen auf eine Mol reaktive Gruppe pro Zeit → entspricht Radikalstrom
ΔS_m	[J K mol^{-1}]	Entropie
t	[s]	Zeit
x		Variable
X		Polymerisationsgrad
y		Variable
γ	[s^{-1}]	Scherung
$\dot{\gamma}$	[s^{-1}]	Schergeschwindigkeit
η	[Pa·s]	Dynamische Viskosität
τ	[Pa]	Schubspannung

μ		Chemisches Potential
ϕ		Volumenbruch
$\Phi_{flüssig\text{-}unpolar}$	[%]	Masseanteil der unpolaren Methacrylat- bzw. Acrylat-Komponenten an den gesamten Methacrylat- bzw. Acrlyat-Komponenten

Abkürzungsverzeichnis

BP	Basispolymer
DA	Dispergieradditiv
DiA	Diacrylate
DiMA	Dimethacrylat
ENB	Ethylidennorbornen
FM	Formulierungsmittel
MA	Morphologieadditiv
MoA	Monoacrylat
MoMA	Monomethacrylat
MP	Morphologiepolymer
u-Re	Unpolare Repetiereinheiten
p-Re	Polare Repetiereinheiten
PO	Polyolefin

Methoden

Quellungsversuche:

Es wurden aus den Polymeren Prüfplatten mit einer Stärke von 2 mm, bei 170 °C und 100 bar, gepresst. Aus den Prüfplatten wurden Probekörper von 20 x 50 mm ausgeschnitten. Die Probekörper wurden an einem Draht aufgehängt, der mit der entsprechenden Polymerbezeichnung versehen war. Das Nullgewicht der Proben wurde mit dem Draht und der Markierung bestimmt. Anschließend wurden die Proben in die entsprechenden Lösungsmittel eingetaucht und bei 50 °C bzw. bei 23 °C in einem Thermoschrank gelagert. Die Proben wurden in konstanten Abständen gewogen, bis sich ein Gleichgewichtszustand eingestellt bzw. die Proben sich aufgelöst haben.

Inhibierungsmessungen:

Die Inhibierung wurde in einem Brabender Messkneter durchgeführt. Als Basis für die Knetversuche wurde eine entsprechende Mischung aus Basispolymer und Morphologiepolymer vorgelegt und 10 Minuten geknetet. Anschließend wurde innerhalb von 10 Minuten das reaktive Additiv zugegeben. Die Zeit bis zum spontanen Anstieg des Drehmomentes stellt die zu ermittelnde Inhibierungszeit dar.

Bei den Versuchen wurde die Art des Inhibitors in den Additiven variiert. Die Versuchstemperatur wurde auf 150 °C und die Kneterdrehzahl auf 40 U/min festgelegt.

Für die Ermittlung des Einflusses der Additivgruppen wurde die Konzentration der ausgewählten Inhibitoren in den Additiven variiert. Die Versuchstemperatur wurde auf 155 °C und die Kneterdrehzahl auf 40 U/min festgelegt.

Für die Ermittlung der Aktivierungsenergie der Inhibierung wurde die Konzentration der ausgewählten Inhibitoren beibehalten. Die Temperatur wurde in einem Temperaturbereich von 140 °C bis 160 °C variiert. Die Drehzahl wurde mit 40 U/min beibehalten.

Bei der Ermittlung des Einflusses der Basispolymere auf die Inhibierung wurden die Basispolymere variiert. Die Verarbeitungstemperatur betrug 150 °C und die Kneterdrehzahl 40 U/min.

Der Einfluss der Scherung wurde durch die Variation der Kneterdrehzahl simuliert. Inhibitorart und -konzentration sind bei diesen Versuchen identisch, genauso wie das Basispolymer und die Verarbeitungstemperatur mit 150 °C.

Partikelverteilung:

Für die Bestimmung der Partikelverteilung wurden 100 bis 200 mg der zu untersuchenden Proben in 300 ml 1-Methyl-2-Propanol dispergiert. Die stark verdünnte Dispersion wurde mit einem Partikelverteilungsmessgerät (Cilas 175) analysiert. Die aus den Partikelhäufigkeiten erhaltenen D(50)-Werte werden in der vorliegenden Arbeit als mittlere Partikelgröße bezeichnet.

Viskositäts und Fließverhalten:

Die Viskosität und das Fließverhalten wurde mit einem Kegel-Platte System (Platte: 35 mm, Kegel: 35 mm / 2°, Spaltweite 0,105 mm, rotierend) der Firma Haake ermittelt. Für die Messungen wurden folgende Segmente verwendet:

Segment 1: CS linear
Temperatur: 23 °C
Schubspannung: 0,10 Pa – 100 Pa
Messzeit: 120 s

Segment 2: CR linear
Temperatur: 23 °C
Schergfälle: 0,10 1/s – 130 1/s
Messzeit: 240 s

Segment 3: CR statisch
Temperatur: 23 °C
Schergefälle: 130 1/s
Messzeit: 180 s

Segment 4: CR linear
Temperatur: 23 °C
Schergefälle: 130 1/s – 0,10 1/s
Messzeit: 240 s

Gelierverhalten:

Das Gelierverhalten wurde mit einem Platte-Platte System (Platte: 20 mm, Spaltweite 0,700 mm, oszillierend) der Firma Haake ermittelt. Für die Messungen wurden folgende Segmente verwendet:

Segment 1:	CS linear
	Temperatur: 30 °C – 200 °C
	Heizrate: 10 K/min
	Schubspannung: 100 Pa
	Frequenz: 1,0 Hz
Segment 2:	CS statisch
	Temperatur: 200 °C
	Schubspannung: 100 Pa
	Frequenz: 1,0 Hz
	Messzeit: 100 s

Ermittlung der mechanischen Eigenschaften:

Die zu untersuchenden Plastisole wurden in einem Mathis Labdryer bei 155 °C für 7 min mit einer Nassschichtstärke von 500 µm ausgeliert. Abweichende Bedingungen sind in den Abbildungen vermerkt. Die ausgelierten Plastisole wurden nach EN ISO 527-3/2/200 (für Folien und Tafeln) konfektioniert und gemessen.

Die Shore Härten wurden nach DIN 53505 an drei übereinander gelegten 2 mm starken ausgelierten Plastisolplatten ermittelt.

B Erklärungen

Eidesstattliche Erklärung

Ich erkläre an Eides statt, dass ich die vorliegende Arbeit selbständig und ohne fremde Hilfe verfasst, andere als die angegebenen Quellen und Hilfsmittel nicht benutzt bzw. die den Werken wörtlichen oder sinngemäß entnommenen Stellen als solche kenntlich gemacht habe.

Halle, September 2010 Andre Rapthel

Erklärung über früher Promotionsversuche

Hiermit erkläre ich an Eides statt, dass dies meine erste Bewerbung zum Erlangen des Doktorgrades ist. Eine früherer Promotionsversuche wurde nicht unternommen.

Halle, September 2010 Andre Rapthel

C Lebenslauf

Angaben zur Person und Bildungsgang

Familienname:	Rapthel
Akademische Grad:	Diplom-Chemiker
Vorname:	Andre
Geburtsdatum:	01.08.1981
Geburtsort:	Halle
Geschlecht:	männlich
Wohnsitz:	Alfred-Oelßner-Straße 23; 06120 Halle
Staatsangehörigkeit:	BR Deutschland

Fachgebiet der Promotion

Fachgebiet Kunststofftechnik am Zentrum für Ingenieurswissenschaften der Martin-Luther-Univeristät Halle-Wittenberg

Angaben zur Ausbildung

1988 - 1992	Polytechnische Oberschule/Grundschule
1992 - 2000	Naturwissenschaftliches- mathematisches Spezialgymnasium „ Georg Cantor“ Abschluss: Abitur Juni 2000
2001 – 2004	Basisstudium Chemie an der Martin- Luther- Universität Halle-Wittenberg Abschluss: Bachelor of science

2004 – 2006	Fachstudium Makromolekulare Chemie an der Martin-Luther-Universität Halle-Wittenberg Abschluss: Diplom Chemiker
2006 - 2010	Promotion als externer Doktorand im Fachgebiet Kunststofftechnik am Zentrum für Ingenieurswissenschaften der Martin-Luther-Universität Halle-Wittenberg Absolvierte Prüfungen als Voraussetzung für die Promotion am Zentrum für Ingenieurwissenschaften: Technische Strömungmechanik (Prüfer: Prof. Dr.-Ing. Schnabel) und Werkstoffkunde der Kunststoffe (Prüfer: Prof. Dr.-Ing. Radusch)